世界一やさしい
「才能」の見つけ方

发现你的天赋

[日] 八木仁平 著 詹仁龙 译

机械工业出版社
CHINA MACHINE PRESS

Jimpei Yagi.
SEKAIICHI YASASHII「SAINO」NO MITSUKEKATA
ISSHOMONO NO JISHIN GA TENIHAIRU JIKORIKAI METHOD.
ISBN 978-4-046-05205-6
Copyright ©Jimpei Yagi 2023
First published in Japan in 2023 by KADOKAWA CORPORATION, Tokyo.
Simplified Chinese translation rights arranged with KADOKAWA CORPORATION, Tokyo through BARDON CHINESE CREATIVE AGENCY LIMITED.
Simplified Chinese Translation Copyright © 2025 by China Machine Press.
This edition is authorized for sale in the Chinese mainland (excluding Hong Kong SAR, Macao SAR and Taiwan).
No part of this book may be reproduced or transmitted in any form or by any means, electronic or mechanical, including photocopying, recording or any information storage and retrieval system, without permission, in writing, from the publisher.
All rights reserved.

本书中文简体字版由 KADOKAWA CORPORATION, Tokyo 通过 BARDON CHINESE CREATIVE AGENCY LIMITED 授权机械工业出版社在中国大陆地区（不包括香港、澳门特别行政区及台湾地区）独家出版发行。
未经出版者书面许可，不得以任何方式抄袭、复制或节录本书中的任何部分。
北京市版权局著作权合同登记　图字：01-2024-5617 号。

图书在版编目（CIP）数据

发现你的天赋 /（日）八木仁平著；詹仁龙译.
北京：机械工业出版社，2025.5（2025.8 重印）. -- ISBN 978-7-111-77927-8

I.B848-49
中国国家版本馆 CIP 数据核字第 2025K4Y547 号

机械工业出版社（北京市百万庄大街 22 号　邮政编码 100037）
策划编辑：许若茜　　　　　　　　　责任编辑：许若茜　孙　旸
责任校对：邓冰蓉　杨　霞　景　飞　责任印制：常天培
北京联兴盛业印刷股份有限公司印刷
2025 年 8 月第 1 版第 2 次印刷
130mm×185mm・9.5 印张・3 插页・151 千字
标准书号：ISBN 978-7-111-77927-8
定价：69.00 元

电话服务　　　　　　　　　　网络服务
客服电话：010-88361066　　　机　工　官　网：www.cmpbook.com
　　　　　010-88379833　　　机　工　官　博：weibo.com/cmp1952
　　　　　010-68326294　　　金　书　网：www.golden-book.com
封底无防伪标均为盗版　　　　机工教育服务网：www.cmpedu.com

前言

一旦发现天赋,你的人生就会改变

这是一本关于"如何通过发现你的天赋,使你的人生收获自信"的书。

"**这真的能做到吗?**"如果你有这种疑问,我完全理解。很多人从小到大总是被挑刺儿,结果就觉得自己根本没有天赋,也就没了自信。这导致大家只关注自己的不足,拼命想要克服它们。

从今往后,你完全不需要再纠结于这些缺点了。这种纠结才是你人生不顺的根本原因!你要做的就是发现自己的天赋,并好好发挥它。只要专注于这一点就够了。

==我在这本书中分享的内容,根据常识来看,可以说离经叛道,==但我的家人、团队成员和客户通过这种方法陆续发现了自己的天赋。之后,更令人惊讶的事随之发生。发现天赋后,他们的自信心提升了,人际关系变好了,收入增加了,也获得了更多的尊重,生活越来越顺遂。同他们一样,你也可以通过发现自己的天赋来改变人生。

为什么我敢这么说呢?因为我自己经历了发现天赋的全过程,还有帮助很多不知道自己天赋是什么的人改变人生的成功案例。

我上大学的时候,在便利店打工,两个月就被辞退了。我觉得自己连打工都做不好,是社会的"异类",因此超级没自信,对步入社会超级焦虑。但我心里也有一丝希望:我一定可以找到自己能做的事。于是,我开始研究天赋,希望找到自己能做的事情。

之前我一直盯着自己的缺点,==发现了自己的天==

赋后，我的人生彻底改变了。首先，运用自己的天赋写出的博客，总浏览量达到 2600 万，创作的第一本书在出版行业整体低迷的情况下卖了 30 万册，还进入 2021 年日本商业类书籍年度畅销榜前十。现在，我还是一家专注于提升自我认知的公司的负责人，带着 70 人的团队，致力于帮助更多人发现他们的天赋。

虽然我的人生发生了戏剧性的变化，但我还是我。我只是发现了自己的天赋，并将其正确地发挥了出来而已。

基于上述我自己发现天赋的经历，以及帮助 1000 多个"没发现天赋的人"发现了天赋，我可以自信地说：发现天赋会彻底改变一个人的思维方式、生活方式，甚至整个人生。

"仅仅发现天赋就能改变人生，这听起来有点儿夸张。"你可能会这么想，但这件事千真万确。改变会从根本上发生。

下面这些只是客户每日反馈中的一小部分：

- 自信心提升了,不再和他人比较
- 自己的生活方式变得明确,不再迷茫
- 不再随波逐流,能够按照自己的标准生活
- 收入翻了一番,自己都觉得惊讶
- 思维方式变了,能用充满正能量的话语影响身边的人
- 能够识别他人的天赋,改善了人际关系

为什么发现天赋会让生活发生如此大的变化呢?简而言之,因为发现天赋后,就能获得真正的自我认同。当真实的自我显现出来后,对待生活自然不再迷茫。

你一定也有自己的天赋,只是,你还不知道怎么去发现它

天赋是每个人都拥有的。但很多人对天赋的理解模糊不清,觉得它只属于"天选之人",或者很难

发现。究竟为什么发现自己的天赋这么"难"呢？<mark>让我们想想这个问题。很多人对"天赋"有误解。</mark>

你心中认为的"有天赋的人"是怎样的呢？ 是在棒球界取得卓越成就的人吗？还是有音乐才能，能用演奏感动他人的钢琴家？ 很遗憾，这本书里要帮你发现的天赋并非如此。

| 本书中说的天赋并不是： | 棒球天赋 | 钢琴天赋 |

天赋是每个人都拥有的。

"八木，你说的这种天赋，发现了也没什么用。"你可能会这么想。 其实，这完全是误解。我说的天赋相比之下更普通，它们在每天的生活和工作中都能派上用场。而且，大多数人只是没意识到自己的天赋，一旦注意到了，加之其更普通，就能极大地改变自己的人生。

> 在本书中，天赋是每个人都拥有的，
> 可以在各个场合使用。

在这个世界上，有些人无须自己去发现，他们能被周围人激发出天赋。不过，也有很多人，包括我在内，并不是这样的。这本书将教你发现天赋的技巧，只要按照步骤来，每个人都能找到。

发现天赋有简单的方法

在写这本书时，我研读了许多伟人的著作和关于天赋的研究。每个理论都很出色，但能够简单明了地展示如何发现和发挥天赋的书籍很少。因此，我把这些发现系统化，方便大家马上就能执行。我清晰地定义了与天赋相关的所有词语，将发现天赋的方法整理成公式，并逐步解释了如何找到公式中

的每一个元素。==你只要像解数学题一样,把自己套到公式里就行了。==

整个过程只需三个简单步骤。我会以世界上最简单的方式告诉你如何发现自己的天赋。通过套用本书的公式,你将获得压倒性的自信,实现人生的巨大转变。

步骤1 → 步骤2 → 步骤3

我再次重申:==你一定有天赋。==拿到这本书的每一个人,都会发现自己的天赋。这本书中包含了你需要的所有内容。读完后,你就会明白,你并不是没有天赋,只是还没发现罢了。

好了,前言到此为止。接下来我会详细讲解如何快速发现并发挥你的天赋。

目录

前言

CHAPTER 1 为什么有的人发现了天赋，有的人没发现

没学过如何发现天赋，所以找不到 /2
一旦发现天赋，你的生活将发生180度的转变 /4
完全不知天赋、苦苦挣扎的我 /5
意识到"天赋需要被发现"的心路历程 /8
无法发现天赋的人的五个误区 /14

无法发现天赋的人的误区①：
能比他人做得好的事情就是天赋 /14

无法发现天赋的人的误区②：
资格证书类技能和知识很重要 /18

无法发现天赋的人的误区③：

想要变成"理想中的自己" / 24

无法发现天赋的人的误区④：

努力必有回报 / 28

无法发现天赋的人的误区⑤：

跟着成功的人学，就能成功 / 31

从这一刻开始，拥有自信 / 35

CHAPTER 2 学了就会颠覆认知的"天赋公式"

了解公式，方知天赋 / 40

"为什么我做不到？"你这么想，就是发现天赋的

契机 / 40

关注"动词"，就能发现天赋 / 43

天赋约 50% 由遗传基因决定，对此，我们该

怎么办 / 45

不要问"怎么改变自己"，而要思考"如何发挥

自己" / 50

有两个公式可以将天赋变成无人能抄袭的

强项 / 52

天赋公式①：

缺点←天赋→优点　/53

天赋公式②：

天赋 × 技能和知识 = 强项　/59

将天赋转变为你独有强项的三个步骤　/66

CHAPTER 3　**发现天赋的方法**

"我没有天赋"这个想法是错误的　/74
要如何坚信"这就是我的天赋！"/74
制作终身受用的"天赋地图"/78
从各个角度发现天赋，以免遗漏　/79
天赋发现练习的三个关键点　/80

发现天赋的技巧①：

回答 5 个问题　/82

发现天赋的技巧②：

从 1000 个天赋选项中选择　/97

发现天赋的技巧③：

从 3 个角度询问他人　/99

将人生浓缩成一张纸，构建一个可以回归的起点　/111

把"普通的天赋"转变为"突出的天赋"的方法 / 115

CHAPTER 4 发挥天赋的方法

不能满足于"接受自己" / 118
让人快速成长的"帆船法则" / 119
正确面对优点与缺点的方法 / 121
"陷入恶性循环的人"与"进入良性循环的人"的唯一差别 / 126
能够在无意识层面使用的终身受益的技能 / 129
发挥优点的两种技巧 / 129

发挥优点的技巧①：
创意思考法——将工作变为事业的魔法 / 132

发挥优点的技巧②：
环境迁移法——创造能发挥优点的环境的技巧 / 136

弥补缺点的三种技巧 / 138
"封杀缺点的努力"必然是徒劳的 / 142

弥补缺点的技巧①：
舍弃法——剔除所有不符合自身个性的事物，让自己更自由 / 144

弥补缺点的技巧②：

机制法——像闹钟一样自动弥补缺点 / 148

弥补缺点的技巧③：

借力法——轻松之余还能贡献社会，实现
双赢 / 150

舍弃 99% 的无用功，集中于那 1% / 158
不需要隐忍，但需要坚持 / 159

CHAPTER 5　培养天赋的方法

你只发挥了自己潜力的 10% / 164
工作是"理所当然"和"感谢"的交换 / 165
将天赋培养成强项的四大技巧 / 168

将天赋培养成强项的技巧①：

找到榜样 / 170

将天赋培养成强项的技巧②：

向他人寻求建议 / 172

将天赋培养成强项的技巧③：

从四种技能分类中选择 / 174

将天赋培养成强项的技巧④：

探索喜欢的事 / 175

发现自己的天赋后,也能发现他人的天赋　/ 181
你的天赋将告诉你在这个世上的角色　/ 183

结束语　掌握强项之后,必然会面临的考验　/ 186

致谢　/ 189

附录　/ 191

附录1　"发现→发挥→培养"天赋的可视化流程图　/ 192
附录2　1000个天赋选项　/ 194
附录3　发现、发挥、培养天赋的300个问题　/ 266
附录4　只要做这些就够了!推荐给你的天赋测试　/ 281

第 1 章
CHAPTER

1

为什么有的人发现了天赋，有的人没发现

没学过如何发现天赋，所以找不到

就像"天才"这个词一样，天赋常常被认为是少数人天生就有的东西。因此，社会上几乎没有"发现天赋"这种说法。学校也不会教你如何发现天赋，教材里也没有相关内容。大多数人并不知道有办法可以发现天赋，甚至根本没有想过自己拥有天赋。结果是，很多人没有意识到自己的天赋，就这样匆匆走过一生。

或许有人会说，"我读过几本关于天赋和强项的书，但还是没发现自己的天赋"。对于这些人，我首先想让他们知道的是，没发现天赋，是因为对下面词语的概念不够清晰。

你明白下面这些词语在概念上的区别吗？

- 天赋
- 优点
- 缺点

- **强项**
- **弱项**
- **擅长的事**
- **不擅长的事**
- **性格**

大概 99% 的人都分不清这些概念吧。不过不用担心，继续读下去，你会慢慢弄清楚。

正是因为没有把这些词语概念的差异弄清楚，思考时稀里糊涂，你才一直没能发现自己的天赋。

缺点　　擅长的事　　优点
不擅长的事　　　　　　　性格
天赋　　强项　　弱项

> **要点**
>
> 正是因为没有把这些词语概念的差异弄清楚，你才一直没能发现自己的天赋。

一旦发现天赋，你的生活将发生180度的转变

天赋是否真的存在于每个人身上呢？我们能否发现自己的天赋？对此，我可以毫不犹豫地给出肯定的回答。

我基于自身经历，目睹了许多人在学习如何发现天赋后所经历的惊人变化，因此才能说出这个答案。

尚未发现自己天赋的人，就像是陆地上的鱼。他们只能在不适合自己天赋的环境中拼命挣扎。如果那条鱼始终认为自己必须在陆地上努力生存，那接下来会发生什么呢？最糟糕的结果可能就是窒息而死。相反，发现自己天赋的人，就像是在水中的鱼。他们在能发挥自己天赋的地方畅游。

发现自己的天赋，真的会改变人生的轨迹。

（尚未发现自己天赋的人）　　　　（发现自己天赋的人）

你想活出怎样的自我呢？知道自己的天赋在哪儿能发挥作用后，会让你更自信，工作更有成果，生活也会更自由。等到你发现了自己的天赋，并开始发挥它时，一切都会事半功倍。

> 要点
> 尚未发现自己天赋的人是"陆地上的鱼"。
> 发现自己天赋的人是"水中的鱼"。

完全不知天赋、苦苦挣扎的我

像我这样写书、经营公司的人，大家可能会觉得我一开始就知道自己的天赋。其实正好相反。我有很长一段时间都社恐。

干两个月兼职就被便利店解雇

那是我大一春假⊖时发生的事。当时我和朋友一

⊖ 日本大学的春假在2月初到3月底。——译者注

起去名古屋旅行。在一家家庭餐馆吃晚饭时，我接到了一个电话，是我打工的便利店店长打来的。平时我很少接到他的电话，感到有点儿怪，但还是接了。他在电话里说："八木啊，你工作积极性太低了，还经常说自己感冒不来，排到的班也不多，你之后不用来上班了，就这样吧。"

这一突然的通知让我有点懵，只呆呆地回了句"好的，好的"。我就这样被解雇了。

这份便利店的工作时薪有1000日元，而且离家近，看上去很轻松，所以我当时毫不犹豫地申请了。可真正开工后，我发现完全不是那么回事，货物上下架、卖邮票、准备热点心、做饭团、收取干洗件、教顾客使用电子货币这些事，样样都得学。但偏偏我社恐，也不敢向店里的前辈请教。最让我难受的是从整面墙近百种香烟中，迅速且准确找到顾客需要的牌子并递给他们。我心里想："别人能干的事，我为什么就不行？不想干了。"于是我的积极性越来越低。

接到店长电话时，我无言以对，觉得自己连便利店的工作都做不好，真是个"废物"。

一回想就胃疼，工作干了一天就跑路

丢脸的是，我后面找的兼职也以失败告终。那是一份电话销售的工作，主要是打电话联系一些可能愿意在我们公司线上开店的潜在商家。但我本身非常害怕打电话。第一天上班，老板在教工作流程时就发现我紧张不安，还问我"你看起来很不安，行不行啊？"

我打电话时，心里一直在默默祈祷"不要接通"，接通后，我紧张得大脑一片空白，完全不知道该怎么说。后面我怕得不行，就假装在搜索客户信息，第一天一共才打了两通电话，就这样糊弄过去了。我也再没回去，只干了一天。回想起来，手也抖，胃也疼。不过，也正常，毕竟平时别人给我打电话，我都让老婆替我接。

我也纳闷儿，"为什么非要应聘这种工作呢？"当时的我对自己的天赋一无所知，结果选了一个和自己的天赋南辕北辙的工作。

之所以决定写这本书，是因为即使我这样的人，最终也发现了自己的天赋，并找到了发挥天赋的地方。我现在最想传达的一点就是：每个人都有天赋，而且一定能发现它。

> 要点
> 每个人都有天赋，而且一定能发现它。

意识到"天赋需要被发现"的心路历程

努力也无法克服的社恐

虽然打工不顺利，但我依然渴望改变自己，成为一个更好的人。于是，我开始不断挣扎尝试。我认为，增加与人交谈的次数，或许能克服社恐。于是，我鼓起勇气，决定尝试搭便车旅行。利用大学春假，我搭便车环绕西日本走了一圈。差不多3周时间，我每晚住在网吧,白天搭陌生人的车,尽量与他们多沟通。怀揣着摆脱社恐的希望,日复一日,如履薄冰。我搭了 100 次顺风车。回头一看,社恐的毛病一点儿也没改。

和初次见面的人交谈时,我还是会紧张不安;看到对面的熟人走来时,依然会选择绕路避开他们;和陌生人同乘电梯依然让我无比抗拒。意识到这一点时,我明白了一个事实:我都这么努力了,还没改变,说明根本就改不了。于是,我决定放弃克服自己的社恐,思维方式来了个 180 度大转变——与其强迫自己去做不擅长的事情,不如专注于那些自己能够轻松完成的事。

这一转变,成为我人生的重要转折点。

努力克服弱点 之前 ⇒ 之后 不勉强自己,做自己能轻松完成的事

自己什么都没变,现实却开始大大改变

其实我在搭便车旅行的时候,就已经开始写博

客，并系统化地整理成《搭便车成功的方法》一文。当时，网上几乎没有详细介绍如何成功搭便车的资料。因此，我就想："如果我写这样的博客，应该会有人看。"而写博客对我来说，并不是什么难事。没想到，我写的这篇博客，在搜索引擎里，居然排到了与搭便车相关内容的搜索结果的顶部。

当时我并没有意识到，我是发挥了"系统化传递知识"的天赋，才获得了这样的结果。我觉得自己挺厉害的，决定试着多花点时间正式写博客。我不仅仅写搭便车的内容，还把自己了解的其他东西也总结进博客里。

在正式开始写博客的第一个星期，我写了一篇题为"高田马场美味拉面汇总"的文章。没想到，这篇文章被几个新闻网站转载，访问量很快就突破了一万。看到右上角不断攀升的访问量，我心中激动不已。

这时，我心中产生了一个假设：“如果能充分发挥自己的天赋，是不是自然就会收获巨大的成果？”于是我趁热打铁，几乎每天都写博客，我完全不觉得这是负担。大学上课时，开研讨会时，午休时，下课后，一有时间我就写。

虽然大学朋友有时会调侃我写博客的事，但我沉浸其中，根本不在意。我坚持写博客，访问量一天比一天多。没想到，在正式开始写博客一年半后，我每月的博客收入居然达到了 100 万日元。当时，我感觉自己仿佛领悟到了这个世界的真理。我看待世界的方式完全改变了。那时，我的假设变成了坚定的信念：只要充分发挥自己的天赋，自然就会收获巨大的成果。

之后，对此深信不疑的我开始写书。第一本书初版的销量一举突破了 10 万册，随后再版，总销量达到了 30 万册，位列 2021 年日本商业类书籍年度畅销榜前十。

曾经是"废物"的我，开始被赞"有天赋"。然而，我自己并没有什么变化。我只是放弃了那些不擅长的事情，开始发挥天赋而已。

> 两个自己,改变的只是发挥天赋的方法

在便利店打工,2 个月后被解雇

做电话销售,干了 1 天就逃跑

⇔

博客浏览量累计达到 2600 万

写了销量 30 万册的畅销书

拥有 70 名员工的公司老板

"天赋发现法"诞生的那一天

我对自己生活中发生的戏剧性变化感到惊讶。为了弄清楚发生了什么,我开始大量阅读关于天赋的书籍,并研究那些被称"有天赋"的人。结果,我成功总结出了发现天赋的方法。不过,我的"天赋发现法"不太符合社会常识。然而,当我把这种关于天赋的观点传达给周围的人时,他们纷纷表示:

> 我意识到了自己的天赋,终于摆脱了长期以来的自卑感!

> 我成功转行,并在公司得到了晋升!

变化越来越多。当团队成员实践这个方法时:

> 我发现我有提升团队合作水平的天赋,所以我会继续打磨它!

> 我擅长系统化,所以我会争取成为这里的第一!

一个接一个,他们也开始逐渐发现自己的天赋。

整理完天赋发现法后,我就想:"**为什么之前没人跟我讲这些?如果能早点儿知道,生活就会轻松很多。**"那些我教过的人,也和我有一样的感受:"真希望能早点儿知道,但即使现在才知道,也很好。"

也许有人之前已经用过本书中所写的天赋公式。用过的人,可以来确认下自己的操作流程;而没用过的人,请按照这个公式进行尝试。我整理了所有你需要做的事情,你不用孤军奋战,而是可以更快、更有效地发现自己的天赋。

要点

想改变人生,并不需要改变自己。
只要开始发挥天赋,人生自然会改变。

无法发现天赋的人的五个误区

在详细解释发现、发挥和培养天赋这三个步骤之前，首先要处理那些找不到天赋的人陷入的误区。如果不处理这五个误区，就很难发现自己的天赋。

仅仅处理这五个误区，就有可能让人发现自己的天赋。可见，这种思维定式的影响是多么根深蒂固。对此，你也许会有些感触。让我们一起逐个消除这些误区吧。

无法发现天赋的人的误区①：
能比他人做得好的事情就是天赋

你有没有"最擅长的事情"？或许大多数人都会摇头。当然，我也一样。那么，你认为天赋是什么呢？你是否认为"天赋就是能比他人做得好的事情"？我之前也是这么想的。

虽然我擅长解释，但总有比我更擅长的人。因此，我认为自己没有天赋。之所以有这种想法，是因为关于天赋的这个定义本身就是错误的。在这种情况下，无论发现什么天赋，心中都会想"总有比我做得好的人，这不是天赋"。然而，走出误区的人能毫不犹豫地说"我有很多天赋"。

正确的天赋的定义是什么呢？

正确的天赋的定义是：下意识会去做的事情。

完全不需要将自己的天赋与他人比较。只要是你下意识会去做的事情，那就是天赋。换句话说，就是自然在做的事情。你或许会想"下意识会去做的事情"是什么？

我给你举几个例子。

- 下意识地行动起来
- 下意识地观察他人
- 下意识地考虑风险

- 下意识地想要引人注目
- 下意识地负面思考
- 下意识地考虑他人的感受
- 下意识地主动与人交谈

这些都是天赋。接下来，我们来做一个可以让你感受到天赋的练习。

在脑海中想象有一张纸，在纸上写下自己的名字

写好了吗？我来问你："刚才你用哪只手写的名字？"大多数人都用了右手。而在用右手写字的时候，你肯定没去想"我要用右手"。这就是下意识会去做的事。天赋也是如此，是大家常常不自觉地在做的事情。

使用右手是一种下意识的行为，所以在被问"刚才你用哪只手写的名字？"之前，没人会意识到正在用右手写。天赋也一样，虽然平时一直在用，但若不特地留意，是不会察觉到的。正因如此，我们需要花时间反思自己的行为，找到那些下意识会去做的事情。

本书的作用就是为这种反思提供支持。在阅读本书的过程中，你会意识到，日常生活中其实你一直在发挥天赋。由此，你对自身的看法也会改变。

然而，当你听到"天赋就是下意识会去做的事情"时，可能会想："这有什么用呢？""工作时会和同事的数据做对比。""现实并没有那么简单，不被社会认可的东西没意义。"

> 由于是下意识的，只有反思才能察觉

这些话似乎不无道理。你常常下意识会去做的事情，正是你拥有的宝藏。

关于如何在工作中发挥天赋等内容，我将在第二章中详细说明。读完本书，你会发现自己身上的天赋，会认为自己身上蕴藏着无限的可能性，你会产生难以抑制的兴奋感。读到这里，明白"下意识会去做的事情就是天赋"就够了。

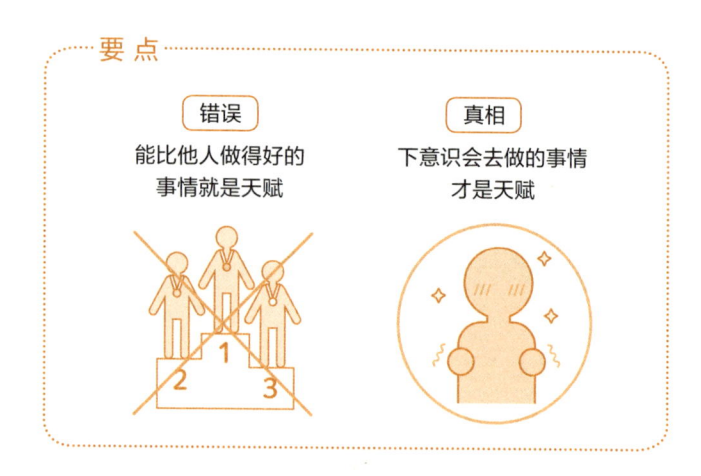

> **要点**
>
> **错误**：能比他人做得好的事情就是天赋
>
> **真相**：下意识会去做的事情才是天赋

无法发现天赋的人的误区②：资格证书类技能和知识很重要

常与天赋混淆的，是资格证书类"技能和知识"。二者看着相似，实际上完全不同。"能考虑风险""能重视他人的感受""能深入研究一件事"等，都是天赋。而技能和知识则是指"会说英语""会编程""会做菜"等。

两者在以下三个方面完全不同：

1. 天赋是在没有特别努力的情况下就有的，而技能和知识则是后天习得的。

2. 一旦了解了天赋，可以应用在任何工作中，而技能和知识仅能在特定工作中使用。

3. 天赋可以终生使用，而技能和知识可能会过时、失效。

天赋	资格证书类技能和知识
与生俱来，不用特别努力就能拥有	后天习得
可应用于各种工作	只能应用于特定工作
终生可用	有过时、失效的可能性
举例： 能考虑风险、能重视他人感受、能制定策略	举例： 英语、编程、营销、护士、会计师

你可能会想："什么？那技能和知识就不重要了吗？"技能和知识是非常必要的，但是，随着时代的变迁，它们可能会过时。比如，过去报名算盘课程取得资格证会对就业有利，但现在完全不同。技能就是这样。

另外，依赖所学的技能和知识，可能会降低人生的自由度。重视技能和知识的人往往很难发现自己的天赋。举个例子，假如你获得了护士资格证书，这种努力确实很值得尊敬，但如果你辞去了护士的工作，那么这个资格证书可能就毫无意义了。我经常收到这样的咨询:"我想转行,但又想利用我的护士资格证书。"这反映出当事人认为"利用资格证书"的优先级高于"追求自己想做的事"。这样选择,下份工作真的能为你带来幸福吗?==本该让人生更丰满的资格证书反倒束缚了你,岂不是本末倒置?==

再比如,假设你获得了注册会计师资格证书。这个过程需要你付出极大的努力,很了不起。但如果在实际工作中你发现自己并不适合做会计呢?我曾经接到这样的咨询:"我获得了注册会计师资格证书并在会计师事务所工作,但后来发现这份工作并不适合我,想放弃吧,又感到之前的努力都白费了,难以抉择。"这同样反映出咨询者优先考虑的是"利用资格证书",而非"追求自己想做的事"。

由此可见,重视资格证书类技能和知识的生活方式非常不自由。

那么，我们该怎么做呢？答案其实很简单：将目光从外在转向内在。

不去追求外在的技能和知识，而是关注内在的天赋。无论如何，使用技能和知识的最终还是自己。所以，首先必须学习发现自己的天赋。

如果能发现自己的天赋，就能自由自在地生活

当你意识到"我有××天赋"时，在任何时代、任何地方你都能发挥价值，而且自信心很强，可以过上自由自在的生活。

20多岁的S小姐曾跟我说："我想辞掉学校的营养师，换个工作。"通过天赋发现法，她终于意识到自己想当减肥瑜伽的教练。不过，由于没干过这行，她显得很不安，心里不确定能否成功转行。确实，营养师的工作背景似乎对转行为瑜伽教练帮助不大。这时候，发现天赋就显得很重要了。听S小姐讲述她的过往经历时，我发现在营养师的工作中，"营养指导"这块是她最喜欢的，而且做出了成绩。我问她成功的秘诀，她说："我会观察对方的反应，能即刻发现他们不懂的地方，再针对这些盲点详细地讲解。"

这不就找到了吗！"能根据对方的反应，调整讲解内容"，这正是 S 小姐的天赋！这个天赋可以在任何工作中发挥作用。在申请瑜伽教练的材料中，她重点强调了这个天赋，写道："我能像做营养指导时那样，仔细观察客户的反应，有针对性地认真指导。"最终，她顺利通过了材料审核。我还建议她在面试时也强调这一点。不久后，S 小姐给我发消息："八木先生，我被录用为瑜伽教练了！"虽然我早就觉得她会成功，但这个瞬间无论经历过多少次，依然让人感动。

发现自己的天赋，就能跨行、跨职位转型。发现天赋的人，无论年龄多大或经验如何，都能在任何时候找到自己想要的工作。如果你发现了自己的天赋，也一定可以做到。

如果能发现自己的天赋，就能自由自在地生活

我拥有营养师资格证书。

我能根据客户的反应，有针对性地细心指导。

发现自己的天赋比任何技能和知识都重要

需要注意的是,并不是说不需要技能和知识。关键在于顺序。

首先要去发现你的天赋,以此为基础,叠加上技能和知识。这样,你就能形成属于你自己的强项。就像之前提到的S小姐,她在"能根据对方的反应,调整讲解内容"这个天赋的基础上,学会了瑜伽教练所需的技能和知识。请记住这个顺序。很多人花时间学习技能和知识,却不愿意花时间发现自己的天赋,尽管天赋才是人生的基础。更何况,很多人都没意识到自己有天赋。所以,对那些能发现自己天赋的人来说,这是一个巨大的机会。

只要你活着,你的天赋就是陪伴你一生的武器。让我们在这本书中,一起发现它吧。

要点

错误	真相
资格证书类技能很重要	受用一生的天赋才重要

无法发现天赋的人的误区③：
想要变成"理想中的自己"

"我不喜欢'理想中的自己'这个说法。"当我在演讲中这么说时，在场的观众都会露出惊讶的表情。可能很多人都认为，追求理想中的自己是件好事。为什么我讨厌"理想中的自己"这个说法呢？因为说到这句话的时候，向往的对象都是外在。

"我想像那个人一样""我想变成这样"，这就是所谓的"向往"。人们觉得"向往"是美丽闪耀的。然而，实际上，向往＝自我否定。因为向往源自"现在的自己很糟糕，想成为理想中的自己"这种想法。但其实你没必要自我否定，你只是没发现已有的天赋而已，只需要把这些天赋发挥出来就可以了。

舍弃"理想中的自己"，才能发现天赋

在很多情况下，我们向往的对象有我们没有的东西。其实我也是这样，一直以来都向往我哥。他上小学时是运动会的啦啦队队长，初中、高中时是羽毛球

小组的组长，性格外向，能够和任何人打成一片，永远是人群的中心。

而我有社恐，喜欢独处，心里常常想为什么不能像哥哥一样交到朋友呢。于是我就不断地自我否定。后来，前文也提到了，我甚至尝试靠搭便车来克服自己的社恐，但最终完败。

你是否也努力克服过缺点呢？在这里，我想再次强调："理想中的自己"和"向往"不好，趁早扔掉。我之所以如此否定"向往"，是因为这个词本身就不是个有积极含义的词。

你知道它在日语中的词源吗？"向往"这个词的词源是"恍惚"，意思是"离开本来的地方，心灵与身体分离"。也就是说，"向往"就是"与自我分离"的状态。

想一想你怀有"向往"这种情感时的状态，完全沉浸在理想的自我中难以自拔，看不到真实的自我。这种状态恰恰是你始终无法发现自己天赋的原因。

我挑明了说，只要不舍弃"向往"，你就绝对找不

到自己的天赋，这么说一点儿也不夸张。向往"理想中的自己"，会扼杀你的天赋。

"向往"会扼杀你的天赋，而舍弃"向往"能帮助你发现天赋

"但是，真的能那么轻易地舍弃'向往'吗？"可能会有人这么想。其实，舍弃"向往"是通过"了解自己"来实现的。为什么呢？想不明白的时候，回归词语的本义有时会得到答案。这里，我们来思考一下"舍弃"这个词的含义。查字典时，会发现"舍弃"的定义是"将各种观察进行归纳总结，使真相明确"。实际上，日语中的"舍弃"和"清楚"是同源词，含有"通过揭示事物的真实面貌，才能真正舍弃"的含义。也就是说，一旦真正的样子被揭示，就能接受真实的自己，从而舍弃"向往"。

在这里，我想问大家一个问题。你是否曾经拿自己和天上的鸟做比较，想过"我为什么不能飞呢？"应该没这么想过吧。因为你已经舍弃了"自己能飞"的念头。

此外，在《勇者斗恶龙》等游戏中，角色的能力数值是确定的。攻击力低的魔法师不会尝试用剑战斗，

因为他们已经舍弃了"用剑攻击可以获胜"的想法。

能力　攻击力：2　魔力：100

你之所以会向往某个人，是因为你还抱有一丝希望，觉得自己也会像他那样生活。当然，过去的我也这样。我当时想着，只要努力，就能克服社恐的毛病，然后苦苦挣扎。结果呢，大家都知道了。

不过同时，我也收获了宝贵的经验——在挣扎并深入探索后，我发现自己的社恐完全没有改善，因此才能舍弃掉"向往"。于是，我下定决心要发挥自己的天赋，活出真实的自己。

将以上内容整理成如下表格：

向往	舍弃
理想中的自己	真实的自己
自我否定	自我肯定

请记住，"向往"会扼杀你的天赋，而舍弃"向往"能帮助你发现天赋。在舍弃的刹那，你会如释重负，并开始关注自己的天赋，真正过上属于自己的生活。

> **要点**
>
> | 错误 | 真相 |
> |---|---|
> | 想要变成"理想中的自己" | 舍弃"理想中的自己"，才能发现天赋 |

无法发现天赋的人的误区④：
努力必有回报

那些干起来不顺利的工作、失败的项目、很快就被辞掉的兼职，到底哪里出了问题呢？是努力不够吗？这可能是其中一个原因。不过，大家或许都隐约意识到，在自己的人生中，有些努力有回报，有些没有。人们普遍认为，在这个世界上，努力就会成功，不努力就不会成功。这种观点是不对的。真实的情况是：

- **对有天赋的人来说，努力是一种享受，还会带来巨大的成功**
- **对没天赋的人来说，努力只会带来痛苦，还不出成绩，后面就不会再努力了**

这一点已经在研究中得到了证实。美国内布拉斯加大学开展过一项针对16岁学生的研究。研究人员将学生分为两组，一组"阅读能力强"，一组"阅读能力一般"，并进行了长达三年的相同的训练。"阅读能力一般"的小组在训练前的水平是每分钟阅读90个单词，三年后提高到了150个，增长率超过60%。而"阅读能力强"的小组在训练前的水平是每分钟阅读350个单词，三年后能阅读2900个，竟然增长了7倍以上。

每分钟阅读单词数

- ■ "阅读能力一般"的小组
- ■ "阅读能力强"的小组

训练前 90 / 训练后 150 / 训练前 350 / 训练后 2900

从这项研究中，我们可以得出以下结论：

- **没天赋傻努力，出不了大成绩**
- **有天赋又努力，一定出大成绩**

而且，在花费相同时间的情况下，你和原本就擅长做某件事的人的差距只会越拉越大。彼得·德鲁克在《卓有成效的个人管理》一书中写道："不要在努力也只能达到普通水平的领域浪费时间。应该专注于自己的强项。为提升到普通水平而花的精力，远远超过为提升到顶尖水平而花的精力。"

相信努力必有回报的人，往往难以发现自己的天赋。请记住，只有培养那些不需要努力就能获得的天赋，才能取得巨大的成果。

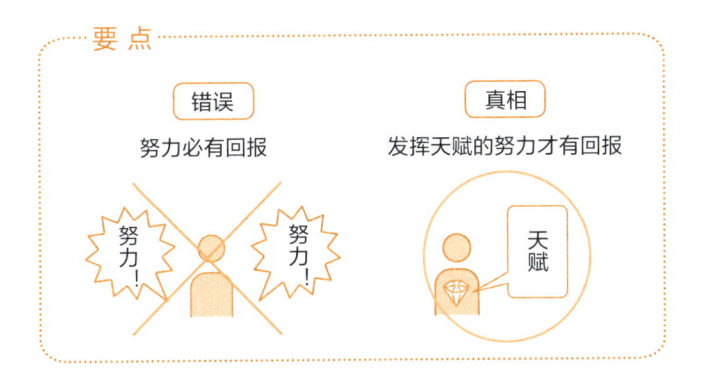

> 要点
>
> | 错误 | 真相 |
> | --- | --- |
> | 努力必有回报 | 发挥天赋的努力才有回报 |
> | 努力！❌努力！ | 天赋 💎 |

无法发现天赋的人的误区⑤：跟着成功的人学，就能成功

你是否曾经阅读过著名企业家、创业者或有影响力的人写的书，然后试图借鉴他们所说的成功法则呢？我自己上大学的时候，有一段时间，疯狂阅读了很多名人写的自我成长类的书籍。阅读这类书籍的时候，总会感到很兴奋，"我也要模仿这个人，走向成功！"

然而，阅读这类书籍时，我常常会感到不同的书的作者说的都不太一样，结果读得越多，疑惑越大。

世界上有无数看似矛盾的建议：

- **知足常乐⇄要有追求**
- **要更懂得察言观色⇄要变得更有钝感力**
- **人脉很重要⇄自己的努力很重要**
- **不要给他人添麻烦⇄多犯错**
- **执行力很重要⇄三思而后行**
- **多尝试各种事物⇄专注于一件事**
- **追逐梦想吧⇄要活在当下**
- **在你现在身处的地方绽放⇄找到适合自己的地方并绽放**
- **最好坚持三年⇄发现不适合自己后最好马上放弃**

为什么人们会给出不同的建议呢？因为成功者所说的只是他们自己的成功模式。换句话说，只是在解释对他们有效的方法。比如，我曾听过"人脉很重要"这个建议，于是努力尝试了一下，结果发现，对我而言，这个建议并没有用。相反，我花了三年时间阅读书籍、写博客，度过了"孤独的时光"，这些经历才让我获得了现在的成就。

"人脉很重要"和"自己的努力很重要"，哪个正确呢？结论是：两个都正确。只是不知道哪个更适合你。

读到这里，可能有些人会想："这本书里的方法难道只是八木先生自己的成功模式吗？"确实，如果我分享我个人的成功法则，比如"与少数人建立深厚的人际关系"等，就只是我自己的成功模式。然而，本书并不打算讲述我个人的成功模式，而是会分享如何发现你们自己的成功模式。

他人的建议听得越多，就越容易被无数"他人的答案"搞蒙。重要的是找到发现自己的天赋的方法。==为了达到这个目的，我们应该关注的不是他人的成功故事，而是自己过去的真实经历。==答案永远在你的内心，而不是外在。

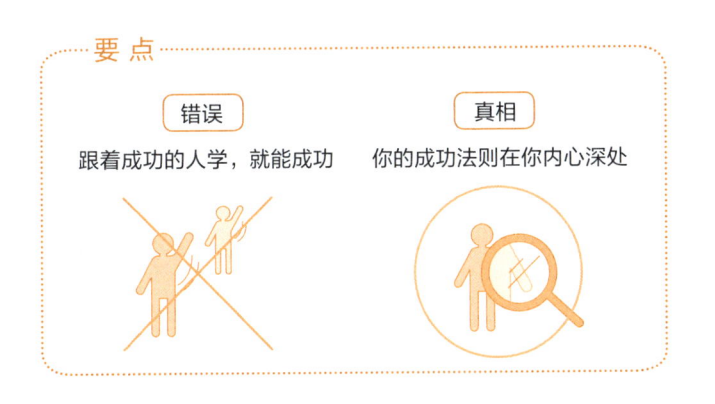

要点

错误	真相
跟着成功的人学，就能成功	你的成功法则在你内心深处

以上这些，你都懂了吗？如果能消除这五个误区，你就站在了发现自己天赋的起点上。

无法发现天赋的人的五个误区	
能比他人做得好的事情就是天赋	下意识会去做的事情才是天赋
资格证书类技能和知识很重要	受用一生的天赋才重要
想要变成"理想中的自己"	舍弃"理想中的自己"，才能发现天赋
努力必有回报	发挥天赋的努力才有回报
跟着成功的人学，就能成功	你的成功法则在你内心深处

从这一刻开始，拥有自信

"我对自己没信心""我觉得现在的工作不适合我，但做其他事情我又没自信"，我常常听到这样的烦恼。就像我过去一样，世界上很多还没发现自己天赋的人都有类似的困扰。我想告诉这些人的是，==希望你们能尽早发现自己的天赋。==从此刻开始，尽快发现天赋，带着自信，开始生活。因为，就收入而言，自信的人和不自信的人之间的差距正日渐扩大。有一个调查：1979年，让日本7660名14到22岁的男性和女性进行自我评价，25年后，即2004年再次调查时，当时自我评价更高的人收入明显更多。这证明时间越长，收入差距越大。结果很残酷，但很真实。

可以说，如果找不到天赋，就无法建立真正的自信，即使自称有自信，也如同没打地基的大楼一般脆弱。

- 自信的人
- 不自信的人

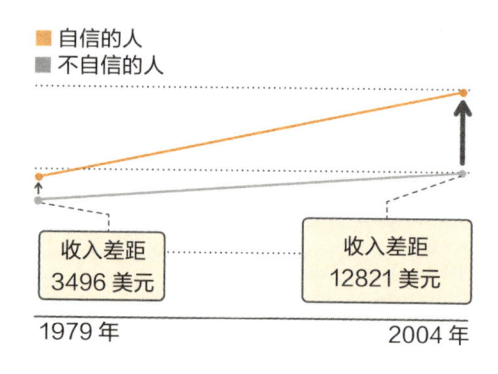

收入差距 3496 美元 — 1979 年

收入差距 12821 美元 — 2004 年

不管你获得了多少资格证书，参加了多少研讨会，通过阅读学了多少知识，如果没有自信这个基础，以上的所有经历都会变得很脆弱。时代一变，资格证书就废了，知识会过时，工作也会变动，你就好像竹篮打水一场空。

只要发现了天赋，你这辈子就可以自信地活出真实的自我。而且，一旦发现了自己的天赋，你就不会再回到以前那个不自信的状态。我还要说的是，发现天赋、拥有自信非常简单。这完全是内心改变的过程，任何人都可以做到。

想象一下，发现天赋并拥有自信的你，每天会过得怎样？

- 早上开始时，对今天要做的事情充满自信，觉得"没问题"
- 确信自己的强项，全身心投入工作
- 为周围的人贡献力量，每天都能收到感谢
- 晚上入睡时，对未来充满期待

你不想拥有这样的日子吗？

很多人一辈子都在模仿他人，过着向往他人的生活。你也可能一直处于这样的状态。但是，通过阅读本书，你会发现天赋重获新生。

来，让我们以寻宝的心态继续前进吧。改变看待自己的视角，你看待世界的视角也将随之改变。让我们开始体验这种改变吧！

> **要点**
> 发现天赋，人生从此改变。

第 2 章
CHAPTER 2

学了就会颠覆认知的「天赋公式」

CHAPTER 2

了解公式，方知天赋

在第二章中，我将介绍"天赋公式"。在不知道这个公式的情况下思考天赋，就像第一次做菜时不看食谱而凭自己的感觉去做。虽然多试几次后可能会做出好吃的饭菜，但非常耗时。

人生苦短。==希望你在花了几十分钟读完本章后，能学会我用十年时间整理出的简单的天赋公式。==

首先，我要解释一下天赋到底是什么。

"为什么我做不到？"你这么想，就是发现天赋的契机

别看我现在能写出关于天赋的书，在我对天赋的理解还很肤浅的时候，可是犯了很多尴尬的错误。特

别是，我曾经忘记"自己觉得理所当然能做到的事情，他人未必能做到"这一事实。

讲一件我刚创业时候的事情。当时为了扩大业务，我决定让公司的伙伴负责制作客户支持手册。我本人擅长制作手册。我把这个任务交给了伙伴 T，告诉他像我这么做就行了。然而，项目开始后，T 的工作进展缓慢。我看了他做的东西，质量实在不敢恭维。我在周会上给他建议，告诉他我做手册的心得。但后来见 T 时，他的精神状态一次不如一次，手册制作进度越来越慢不说，质量也没提升。

我感觉不对劲，和 T 讨论了"为什么手册制作不顺利"的问题。T 告诉了我他的想法："手册内容需要根据客户的反馈来调整，我在手册里该怎么写呢？嗯……其他事情也是因人而异，不能一概而论。面对眼前的客户，我会想这个对他来说可能不合适，用起来可能会遇到问题。"

这也难怪，T拥有"根据客户实际情况随机应变的天赋"，他是客服方面的专家。这种随机应变的天赋与制作手册所需的"制作通用方案"的天赋截然不同。不花时间和T沟通，我还真不知道。

那时，我终于意识到，自己认为理所当然能做到的事情，不代表T也能做到。并且，我把不适合T干的工作交给了他。我反思后向T道歉。现在，T在公司负责团队成员的培训。在这个岗位上，他充分发挥了根据个人实际情况来应对的天赋，收获了满满的成就感。

不要"向外"寻找天赋

通过上述教训，我想传达的是，"你认为的理所当然与他人认为的理所当然是不同的"。正如我的故事所示，如果放松警惕，就容易误认为自己觉得理所当然能做到的事情，他人也能轻松做到。不过，反过来讲，你以为大家都能做到，没什么了不起的事情中，可能蕴藏着你真正的天赋。

通过这个经历，我也意识到，能够制作出任何人都能复现的手册实际上是我的天赋。你的天赋也可能隐藏在你认为理所当然就能做到的事情中。

"向外"找不到的天赋,正藏在你已经在做的事情中。宝藏早已存于你的内心。

要点

天赋就藏在你认为理所当然能做到的事情中。

关注"动词",就能发现天赋

我想请你记住天赋的另一个特点,那就是**天赋是"动词"**。以下都是动词:

- **谨慎推进**
- **收集信息**
- **思考未来**
- **链接人脉**

- 考虑他人感受
- 与初次见面的人建立亲密关系

举个例子,有 A、B、C 三位喜欢旅行的人。虽然他们都说喜欢旅行,但喜欢的原因因人而异。

问 A:"旅行中哪个行为最快乐?"他回答:"通过照片和朋友分享旅行中的开心时刻,这件事很快乐。"这表明:A 很可能拥有"传达某种魅力"的天赋。同一个问题,B 回答:"制订计划很快乐。"这说明 B 可能拥有"制订计划"的天赋。C 回答:"体验新事物很快乐。"这表明 C 可能拥有"勇于尝试新事物"的天赋。

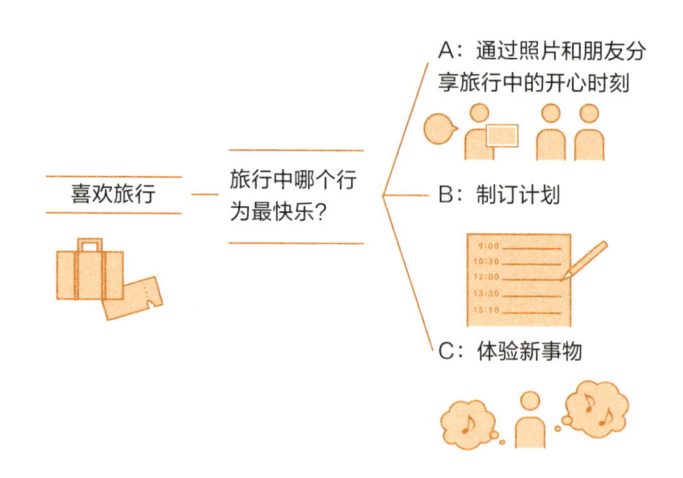

从这三人的例子中可以看出,类似"分享、制订、体验",天赋是动词。也就是说,<mark>你下意识的"行为"就是你的天赋。</mark>

多说一句,我认为"天赋"就是指"擅长的事情"。天赋(擅长的事情)用"动词"来表示,而"喜欢的事情"用"名词"来表示。A、B、C三人都"喜欢的事情"是"旅行"。在这里,知道"天赋是动词"就足够了。

> 要点
> 天赋是动词。你下意识的"行为"就是你的天赋。

天赋约 50% 由遗传基因决定,对此,我们该怎么办

关于天赋,常常会有人问:"天赋是由遗传基因决定的吗?"这确实是一个让人关注的问题。根据行

为遗传学的研究,天赋约50%由遗传基因决定,剩下的则取决于成长环境。过了青春期,虽然天赋也可能会发生变化,不过年龄越大,越难变。换句话说,成年人想要改变自己的天赋是相对困难的。

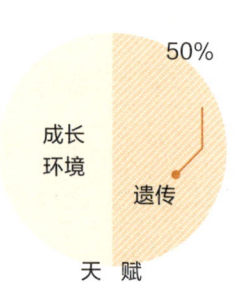

50%
成长环境
遗传
天　赋

"不现实的追求"让人永远不幸

读到这里,你可能会对自己的天赋无法改变这件事感到不爽,但我反倒觉得非常赞。当然,我也理解那些觉得"有何可赞?我讨厌自己的天赋无法改变"的人,因为我也曾拼尽全力想改变自己。

为什么我会觉得无法改变天赋是件很赞的事情呢?因为这能让我放弃幻想,活在当下。而且,"活在当下"的状态会提升你的幸福感。

曾经有一个研究,让数百个人从几种海报图案中选择自己喜欢的海报并带回家。受试者被分成两组:

组1:被告知一个月内可以更换其他海报。
组2:被告知这是最终选择,一旦选好就不能换了。

调查发现，组 2 对海报的满意度远高于组 1。相对于保留了选择其他海报可能性的组 1，做出不可逆选择的组 2 满意度更高。

许多人像组 1 一样，总是关注自己没有的东西，生活中一直在追寻。相比之下，无法改变选择的人，满意度反而会提升。

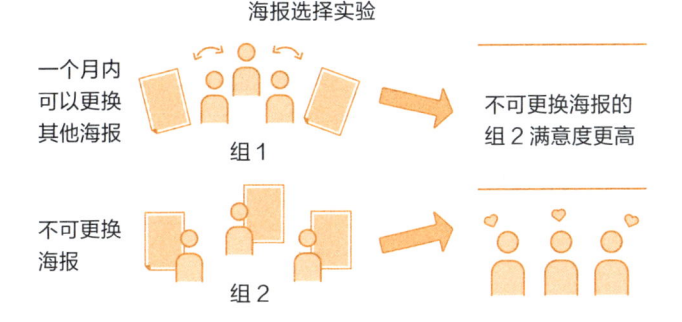

海报选择实验

一个月内可以更换其他海报
组 1

不可更换海报
组 2

不可更换海报的组 2 满意度更高

性格没有好坏之分

天赋在一定程度上是稳定的，难以改变。但有些东西可以改变，那就是对天赋的认知。对天赋的认知完全取决于你自己。当你开始关注自身天赋的积极面，并决心充分利用它时，你就能接纳整个人生，开始做真实的自己。

或许有人会想："话是这么说，但我觉得自己的天赋根本没用。"我曾经也一度这么想。但实际上，天赋没有好坏之分。

让我举个例子来说明。人的性格大致分为两种：外向型和内向型。也许有人会觉得"什么？明明在讲天赋，怎么又提到性格？"在本书中，天赋是指你下意识会去做的事情，这个解释同样适用于性格，因此这里我将"性格"与"天赋"视为同义词。

简单来说，这两种性格的区别在于：

- **外向型：活泼，乐于交际**
- **内向型：细腻，内敛**

你认为自己是外向型还是内向型？我认为自己是内向型。

长期以来，心理学家普遍认为外向型的人更幸福。因此，许多研究集中在如何将内向型性格转变为外向型，认为"内向型＝不幸福"。但最近的研究发现开始改变这一观点：内向型的人不一定不幸福。新发现的事实是：

- **认为"必须变成外向型"的内向型的人，不幸福。**
- **"对内向型的自我感到满足"的内向型的人，幸福。**

换句话说，接受自己会让你幸福，而不接受自己则会让你不幸福。性格本身没有好坏之分，关键在于你如何看待自己的性格。

内向型的人都不幸福。

认为"必须变成外向型"的内向型的人，不幸福。"对内向型的自我感到满足"的内向型的人，幸福。

大家对此也很认同吧。内向型的人可以享受独处时光。我自己也是，自接受自己是内向型的那一刻起，就不再羡慕外向型了。过去我总觉得"都怪内向型"，但现在我觉得"多亏了内向型"。这让我有更多时间投入我喜欢的阅读和写作，活得很幸福，成绩也随之而来。

> **要点**
> 从"都怪内向型"转变为"多亏了内向型"

CHAPTER 2

不要问"怎么改变自己",而要思考"如何发挥自己"

我在书中特别强调天赋约 50% 由遗传基因决定,就是希望你能意识到:接纳现在的自己,活下去。如果你没下定这个决心,即使发现了自己的天赋,内心也会忍不住想"要是有更好的天赋就好了""我想拥有跟那个人一样的天赋",这样不断地追寻不存在的东西,就算过了十年、二十年,你还是会无法建立自信、获得幸福。

即便你通过本书学到了一些方法并发现了自己的天赋,但如果依然抱着还是得改变自己的心态,那就难以下定决心充分发挥自己的天赋,反而又会开始试图模仿他人。

下定决心,充分发挥自己的天赋,你的人生才会改变

还是得改变自己 → 充分发挥自己的天赋

有些人到了快退休的时候才来找我，说："我想在退休后发挥自己的天赋，因此打算参加培养自我认知的课程。"每次听到这样的话，我心里都既高兴又遗憾。想想看，如果这个人的天赋在几十年前就被发现了，那他这么多年来每一天的生活会多么充实啊！当然，无论什么时候开始都不算晚。不过，我想向正在阅读本书的你提个建议："既然要与自我相伴一生，为什么不趁现在——余生最年轻的时候，尽早发现、接受和发挥你的天赋，开启属于你的精彩人生呢？"

> **要点**
> 发现天赋的最佳时机，就是现在！

总结：什么是"天赋"？

1. 天赋是你下意识会去做的事情，藏在那些你觉得理所当然就能做到的行为中。

2. 天赋是用"动词"来表达的。

3. 天赋约 50% 由遗传基因决定，但你对天赋的看法可以改变。

有两个公式可以将天赋变成无人能抄袭的强项

"我知道天赋就是下意识会去做的事情,但怎么运用这些天赋,还不是很清楚。"如果你有这种想法,很正常。因为天赋并不是直接拿来用的,而是需要稍微"加工"一下。就像土豆不能生吃,但按照食谱去烹饪,就能变成美味的土豆炖牛肉。天赋也是一样,需要利用两个公式来"加工",才能转化为有用的强项。

利用两个公式"加工"天赋,让它成为有用的强项

土豆 —食谱→ 土豆炖牛肉　　天赋 —两个公式→ 强项

现在,我就向你介绍将天赋转化为独一无二的强项的"黄金食谱"——下面这两个公式。

天赋公式①：缺点←天赋→优点

天赋就像菜刀，关键在于如何使用。

缺点 ← [天赋] → 优点

第一个公式是"缺点←天赋→优点"，意思是天赋既可以成为缺点，也可以成为优点。关键在于如何使用。

- 总是下意识地考虑他人的感受
  - 缺点 ➡ 忽视自己的感受
  - 优点 ➡ 为人处事体贴他人
- 总是下意识地考虑未来
  - 缺点 ➡ 看到风险就踟蹰不前
  - 优点 ➡ 高效地推进事情

- 总是下意识地学习新东西

  缺点 ➡ 纸上谈兵

  优点 ➡ 有上进心

所以说,天赋本身无所谓好坏,完全取决于使用方法。可以把天赋比作菜刀,用菜刀可以做出美食,让人幸福;也可以伤人,带来不幸。

然而,许多人只看到了自己天赋的缺点和他人天赋的优点。"邻居家的草坪总是更绿。"但请记住,在旁人眼中,你家的草坪也更绿。你一定也有天赋,有自己的优势。

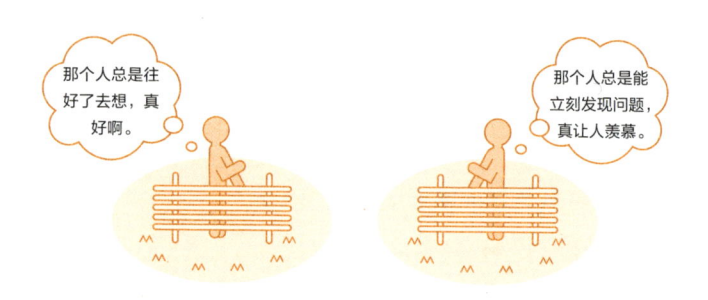

> 那个人总是往好了去想,真好啊。

> 那个人总是能立刻发现问题,真让人羡慕。

关键是能否找到让自己活力四射的环境

我们都有顺利发挥出优点的时刻,也经历过发挥得不好、暴露缺点的沮丧。事情并非总是一帆风顺。

这不禁让人产生一个愿望:"要是天赋总能作为优点发挥出来就好了。"

决定天赋是优点还是缺点的关键是环境。例如,总是不自觉地检查是否有疏漏(谨慎、细致),在强调速度的环境中这个天赋可能被视为缺点——做事太慢,但在强调准确度的环境里,则会成为优点——不出错。

```
    不适合的环境              适合的环境

       缺点                      优点
                  [天赋]
      做事太慢  ← 谨慎、细致 →    不出错
```

==要充分发挥天赋,不在于拼命努力,而是要深刻理解自己的天赋,并置身于能让天赋成为优点的环境中==。找到那个让自己活力四射的地方才是关键。

也就是说,关键在于识别出让自己充满活力的地方,找到能将自己的天赋发挥出来的环境。这里说的环境,大致可以分为人和工作内容两点。例如,你是否有这样的朋友,和他在一起时你觉得很自在?这是因为和那个人在一起时,你的天赋能作为优点展现。或者,你是否在做某项工作时感到特别开心?那是因为那项工作所需的能力与你的天赋正好契合。

不要被"在这里不行,换个地方也一样"这种话给骗了

很多人可能会想:"这个地方不行,换个环境不就是逃避吗?"

或者你们听过这些话:

- **上司说,"在这里不行,换个地方也一样"**
- **周围的人说,"现在逃了,就会养成逃避的习惯"**

我经常听客户这样讲。确实,看到有的人在同一个环境里做得很好,难免觉得自己不顺利是因为努力不够。但我可以肯定地告诉你,"在这里不行,换个地方也一样"这种话纯属胡扯。如果当前的环境让你感到压抑,那就赶快逃吧。与其说"可以逃",不如说"不逃不行"。

好不容易才发现的天赋,你得充分发挥它的价值,这只能靠你自己。

一定有适合你的地方。只是，当我和你讲离开不适合的环境没问题的时候，你可能会产生下面这些疑问：

- 会不会养成逃避的习惯呢
- 判断该不该离开的标准是什么
- 离开后，要如何找到能充分发挥自己天赋的环境呢

关于这些疑问，你放心，我会在第四章中详细解释。

> 要点
> 你必须离开你不喜欢的工作。
> 你有责任充分发挥你的天赋。

这个世界上一定有一个能让你发光的地方，只是现在的环境不适合你而已

从暴露缺点的环境转到可以发挥优点的环境后，你就会摇身一变，从无用之人变为受人尊敬的英雄。

K先生热衷于为他人提供真诚的建议，大学毕业后选择了职业顾问的工作。然而，工作后，K渐渐感受到理想与现实的差距。公司的评价标准是以最小投入促使尽可能多的人完成职业转换——更注重效率，

而不是关注个体。然而，K的天赋是真诚地对待每个人，当被要求同时服务100个客户时，他越是真诚地投入，越无法完成工作。一方面，公司的前辈给他提了建议：缩短服务每个客户的时间。另一方面，K自己也去看了关于如何快速完成任务方面的书，但短时间内快速完成任务与他的天赋完全相悖，这让他在工作中倍感痛苦。

当然，公司中有做出显著成绩的人，与之相比，K更觉得自己可能无法融入社会，如此反复，恶性循环……

K就是身处天赋暴露为缺点的工作环境中。饱受内心折磨，苦寻解脱方法的时候，K发现了我的博客，开始改变自我认知。最后他意识到自己在可以花时间专注于面前每一个人的环境里最能发挥出天赋，由此他转为独立的职业顾问。这一转变令他如鱼得水，不仅工作时间减半，收入也翻倍了。

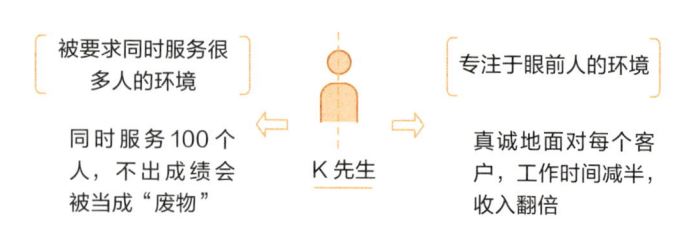

被要求同时服务很多人的环境	K先生	专注于眼前人的环境
同时服务100个人，不出成绩会被当成"废物"	⇦ ⇨	真诚地面对每个客户，工作时间减半，收入翻倍

如果你认为自己不适合进入社会,请听我说一句:那不是你本人有问题,而是你的天赋与当前环境不匹配。总有一个地方完全契合你,让你发光。让我们一起把它找出来!

> 要 点
> 　　你并非无法融入社会,只是现在的环境不适合你。

天赋公式②:
天赋 × 技能和知识 = 强项

现在,天赋公式①"缺点←天赋→优点"的意思,你明白了吧?下面,我们来解读第二个公式:天赋 × 技能和知识 = 强项。

[天赋] × 技能和知识 = 强项

实际上，我希望大家通过本书掌握的不仅是优点，而是更进一步的强项。强项是指能够产生成果的能力。理解第二个公式后，你会更清楚该把时间投在哪里。

不要让皮卡丘去练飞叶快刀㊀

"请不要让皮卡丘去练飞叶快刀。"在研讨会上，我经常用这句话来类比解释天赋公式②。每当我这样说时，听众脸上都会表现出一瞬间的错愕。

想象一下，如果皮卡丘努力练习飞叶快刀这个用叶片攻击对手的技能，会是什么情况？是不是看起来挺费劲的？没错，练习一种不适合自己的技能确实非常困难。皮卡丘是电系宝可梦，就算再怎么努力练习草系技能飞叶快刀，它也无法从身体里长出叶片来。即使它勉强发出几片叶子，这些叶子也无法给对手造成有效伤害，因此无法在宝可梦战斗中获胜。无论怎么练习，皮卡丘都无法像妙蛙种子那样熟练掌握飞叶快刀，因为它缺乏这种天赋。也就是说，将"技能和

㊀ 飞叶快刀是日本任天堂公司所开发的"宝可梦"系列游戏中的一种精灵战斗技能。——编者注

知识"加在没有天赋的事情上,即使再努力,也只能产生微小的成果。

> 皮卡丘即使练习飞叶快刀,也无法产生理想效果

[天赋] × 技能和知识 = 强项

电系宝可梦
皮卡丘

草系技能飞叶快刀

只能造成微弱的伤害

我们可以看到,找到适合自己天赋的方向,才能把技能和知识变成真正的强项。

如果本身体内发电的皮卡丘学习十万伏特这样的技能,又会怎么样呢?这是与皮卡丘自身属性相符的技能,学了之后威力会变得非常大,也更容易在宝可梦战斗中获胜。其实,在宝可梦的世界里,当宝可梦精灵使用与自身属性相同的技能时,技能威力会提升1.5 倍(例如,电系的皮卡丘使用电系技能时威力会增加 1.5 倍)。这个方法不仅适用于宝可梦的世界,同样适用于人类的世界。

皮卡丘如果练习十万伏特技能，能产生显著效果

[天赋] × 技能和知识 = 强项

电系宝可梦皮卡丘 　电系技能十万伏特 　能够造成巨大的伤害

通过强项乘式，成为独特的存在

以我为例，我发现自己在结构化表述方面有天赋，便去学习了"博客运营知识和写作技能。于是我能够通过博客传递信息。目前我的博客总浏览量已达到 2600 万。也就是说，我获得了用结构化的表述写博客这一强项。通过这个经历，==我深刻体会到了掌握与自身天赋相符的技能和知识的重要性。==

示例：我的强项

[天赋] × 技能和知识 = 强项

结构化表述 　博客运营知识、写作技能 　用结构化的表述写博客

这个故事还有后续。我进一步学习了自我认知方面的知识，培养出了用结构化的表述讲解自我认知的强项，最终使得我写的关于自我认知的书成为销量30万册的畅销书。

由此可见，通过将天赋与技能和知识相乘，能够创造出许多独特的强项。

示例：我的强项

[天赋] × 技能和知识 = 强项

结构化表述 × 博客运营知识 写作技能 自我认知 = 用结构化的表述讲解自我认知

在发现天赋之前，不要急于考各种资格证书

"为将来着想，是不是该学点专业技能？但到底该学什么呢？"不少人都有这样的困惑。然而，如果急于去学习而不加选择，可能只是在浪费时间和金钱，学到一堆用不上的知识。

比如，想学编程但失败了的Y先生——一位20多岁的年轻人，就有类似的经历。他在上大学的时候，有编程这门必修课,因为听说学会了编程就不愁没饭吃,于是他拼命熬夜学习,但到底还是没学好,最后只能请擅长编程的朋友代写作业,好不容易才拿到学分。

Y 先生后来发现,代写作业的朋友其实是和他同时期开始学习编程的,不仅能兼顾自己的学业,还顺带帮他完成了作业。这让 Y 先生深感自责:"为什么我就这么不行?是不是我脑子不聪明?"

失败案例

[天赋](未发现) × 技能和知识(编程) = ~~强项~~(……)

必须遵循"天赋→技能"这个顺序

像 Y 先生这样因为觉得有前途或看起来有保障而学习技能,往往难以取得成果。原因是他在开始之前并未考虑该技能是否符合自己的天赋。==先发现天赋,再学习与天赋匹配的技能,成功的可能性才会大大提升。==

在深入探索后,Y先生发现自己的天赋是"用语言打动人心"。之后,他选择了与之相符的技能,我们看看他取得了怎样的成就。

现在,Y先生一边从事本职工作,一边作为艺术家活跃在舞台上。在他的付费演唱会现场能聚集上百人,线上直播也有300多人观看。他将用语言打动人心的天赋与声乐训练、歌词创作这两个技能相结合,创作出了打动人心的歌曲。来现场的人纷纷表示:"你的歌让我充满了勇气""歌词积极向上,我很喜欢"。Y先生最终获得了演唱的歌曲能打动人心这一强项。

示例:Y先生的强项

[天赋] × 技能和知识 = 强项

用语言打动人心　　声乐训练、歌词创作　　演唱的歌曲能打动人心

"和我之前学编程比,乐趣完全不同。"Y先生说,"在学声乐训练、歌词创作这些技能的时候,我根本没有觉得自己在'学习'。"这正是因为他的天赋与"技

能和知识"完全契合。

首先要了解自己的天赋,然后学习与之匹配的技能。这是最短的成功路径。做到这一点,你就能真正成为不可替代的存在。

将天赋转变为你独有强项的三个步骤

通过整理之前提到的两个天赋公式,我们可以归纳出将天赋培养成属于你自己的强项所需要的三个步骤:

步骤1 发现自己的天赋(第3章)

首先从发现你下意识会去做的事情,也就是你的天赋开始。在这里,你将对"三种天赋"充满自信。在第三章中,当你发现自己的天赋时,内心的能量将充满全身。你会迫不及待地想发挥出来。

步骤2 发挥自己的天赋(第4章)

接下来,使用天赋公式①"缺点←天赋→优点",

把发现的天赋转化为"优点"。掌握天赋的使用方法，在能让天赋作为优点发挥的环境中闪闪发光。

> **步骤3** 培养自己的天赋（第5章）

当你能够将自己的天赋作为优点使用时，再用天赋公式②"天赋 × 技能和知识 = 强项"，将优点培养成自己的"强项"。当你合理地培养自己的天赋并将其转化为强项时，天赋就会达到"完成态"。如果你在想，如何知道自己的天赋匹配什么样的技能和知识呢？别担心，相关内容会在第五章详细讲解。

通过"发现→发挥→培养"这三个步骤，你能最大限度地让自己的天赋发光。同时你将摆脱迷茫，真切地感受到人生的通透。你曾感到困顿的世界，会迅速变得自由起来。从此以后，你就能自由自在地生活下去。

你的天赋，正在等待被你发现。接下来，请亲身感受，如何改变自我认知，如何接纳真实的自己，然后勇敢地活出自我。

下一章，我们开始发现自己的天赋。让我们一起迈出活出真实自我的第一步吧。

CHAPTER 2

> **要 点**
> 你的天赋,正在等待被你发现。

天赋的公式总结

什么是天赋?天赋是你下意识会去做的事情。

特点1 它隐藏在你觉得理所当然就能做到的行为中。

特点2 通常用"动词"来表达。

特点3 天赋约 50% 是由遗传基因决定的。不过,你对天赋的看法是可以改变的。

公式1 缺点←天赋→优点

天赋就像是一把刀。即使是同一把刀,既可以伤人,也可以用它做菜让人感到幸福。

缺点 ← [天赋] → 优点

公式2 天赋 × 技能和知识 = 强项

不要让皮卡丘练习飞叶快刀,练习十万伏特这样的技能吧!

[天赋] × 技能和知识 = 强项

电系宝可梦皮卡丘 　　练习电系技能十万伏特 　　能够造成巨大的伤害

"这是天赋吗？"
迷茫时的检查清单

当你发现自己的天赋时，有时可能会疑惑："这真的是我的天赋吗？"

这个问题可以通过使用天赋时的特点来判断。一共 7 个特点，看看你自己符合多少，由此来判断是不是天赋。

0～3 个：不是天赋
4～5 个：有可能是天赋
6～7 个：就是天赋

接下来的表格，分为前中后三个部分：

前：天赋使用前的特点
中：天赋使用时的特点
后：天赋使用后的特点

当你迷茫时，可以检查一下这些特点

		有天赋	没天赋
前	1	被活动吸引	对活动敬而远之
中	2	毫无压力	觉得有压力
	3	做的时候感觉这就是我	做的时候感觉这不是我
	4	做得很好	做不好
	5	能快速完成	做得很慢
后	6	做的时候时间过得很快	做的时候感到时间漫长
	7	做完后有满足感	做完后身心俱疲

第 3 章
CHAPTER 3

发现天赋的方法

"我没有天赋"这个想法是错误的

从这一章开始会变得更有意思。

第三章的目标是完成"天赋地图"。这张图能让你一眼看到自己独特的天赋,而制作这张天赋地图一点也不难。我会讲解每个步骤,确保你看懂。

即便你现在还在怀疑自己是否真的有天赋,也完全没关系。在发现天赋之前,大家都会有这样的想法。你会逐渐意识到,那些对你来说理所当然就能做到的事情就是天赋,你会感叹:"原来这就是我的天赋!"我希望你也能体验到发现天赋时那种心跳加速的感觉。

要如何坚信"这就是我的天赋!"

我之前提到过,每个人都可以发现自己的天赋。然而,事实上,比发现天赋更重要的是对自己的天赋充满自信。有 1000 多个人参与了我开发的自我认知课程，通过该课程我发现，许多人其实隐约知道自己有某方面的天赋，但对此缺乏自信。

或许你也觉得自己有某种天赋。即使你意识到了，是否对该天赋有信心也会对人生产生巨大影响。举个例子，有的人认为自己可能擅长梳理和表达，有的人坚信自己擅长梳理和表达，后一种人更可能去发挥并培养这项天赋。而且，自信不仅会让他们积极地发挥天赋，还会让他们更频繁地接到相关的工作任务。

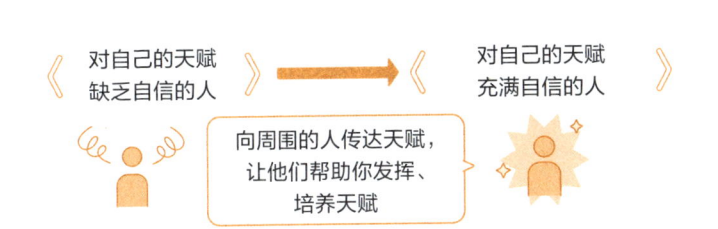

〈 对自己的天赋缺乏自信的人 〉 → 〈 对自己的天赋充满自信的人 〉

向周围的人传达天赋，让他们帮助你发挥、培养天赋

然而，因为天赋看不见摸不着，所以能自信地说"这就是我的天赋"的人其实非常少。如何才能对自己的天赋充满自信呢？答案是找到至少四个展现天赋的经历。我来用一个比喻解释一下。

给大家提个问题：独轮车和汽车哪个更容易被风吹倒？

独轮车更容易倒吧。拥有四个轮子的汽车，除非遇到极端情况，否则不会轻易被风吹倒。

那些对自己的天赋还没自信的人，就像独轮车，只依靠一个经历来支撑他们对天赋的认知。比如，"在聚会上，如果有人插不上话，我会下意识地引导话题，可能这就是让大家都能舒适相处的天赋吧……但也许只是凑巧而已"。

天赋
让大家都能舒适相处

经历
在聚会上关注到插不上话的人并引导话题

摇摇晃晃，不稳

看着这幅图，你会觉得有点不稳吧？在这种状态下，当周围人提出你应该试试，即使你已经顺着天赋开始行动了，也很容易动摇，甚至会停下来不知所措。那些对自己天赋没自信的人，往往会纠结于该做这个还是那个，这不仅会浪费大量时间，最终也看不到什么成果。

那么，对自己的天赋有自信的人是什么状态呢？

聪明的你可能已经猜到了。对自己的天赋有自信的人，就像一辆汽车，能通过多次经验来稳固他们对自身天赋的认知。比如，和"让大家都能舒适相处"这种天赋相关的经历可能包括：

- 在聚会上，关注到插不上话的人，并引导他们加入话题讨论
- 小时候，主动和忐忑不安的转校生交谈
- 在合租时担任室友们的组织者，为所有人制定舒适的规则
- 他人常说"和你在一起很舒服"

稳定

天赋
让大家都能舒适相处

经历1	经历2	经历3	经历4
在聚会上关注到插不上话的人并引导话题	小时候，主动和忐忑不安的转校生交谈	在合租时担任室友们的组织者，为所有人制定舒适的规则	他人常说"和你在一起很舒服"

你是不是觉得这样就不容易动摇了?达到这种状态时,无论周围人怎么说,你都能确认这就是自己的天赋,并充满自信地生活。

想要自信地说出"这就是我的天赋!"关键在于,找出至少四个能展现天赋的经历。不过,你可能会想:"不不,八木先生,我没有那么多展现天赋的经历啊。"

没关系的。展现天赋就像呼吸一样自然,你只是之前没意识到。本章,我会通过三种方法帮你发现自己的天赋,确保你能找到展现天赋的经历。

> **要点**
>
> | 缺乏自信的人 | 充满自信的人 |
> |---|---|
> | 只找到了一个能展现天赋的经历 | 能找到四个或更多展现天赋的经历 |

制作终身受用的"天赋地图"

接下来,我们进入具体的练习,帮你发现自己的天赋。步骤很简单:

1. 利用三种技巧来发现天赋
2. 整理发现的天赋，制作天赋地图

仅此而已。

你可能会问："什么是天赋地图？"在一张 A4 纸上写下与你的一个天赋相关的四个经历，这就是天赋地图。它是一个非常简洁的工具。

你读完本章，就能制作三张天赋地图，达到对三个天赋拥有自信的状态。之后，比如在求职面试中，如果被问到"你擅长什么"，就能根据这些具体的经历和天赋地图，立刻给出令人信服的回答。==制作完成的天赋地图将成为你的指南，你一生都不会迷失。==

从各个角度发现天赋，以免遗漏

好了，你已经准备好，来发现自己的天赋了。接下来，我将通过以下三种技巧来发现你的天赋。

1. 回答 5 个问题
2. 从 1000 个天赋选项中选择
3. 从 3 个角度询问他人

每种技巧都很简单,谁都能学会。通过运用这些技巧,你可以从各个角度来挖掘天赋,并找到对自己天赋自信的根据。

① 回答 5 个问题
③ 从 3 个角度询问他人 → [天赋] ← ② 从 1000 个天赋选项中选择

天赋发现练习的三个关键点

为了帮助你发现自己身上独一无二的天赋,请记住以下三个关键点。

关键点 1 现在无法练习也没关系

如果暂时没有时间深入练习,也没关系。每个练习都配有大量的回答示例,即便只是大概看看,也可能让你对某个答案产生共鸣,这也会帮助你发现天赋。如果现在无法专心练习,不妨从阅读开始。

关键点 2 一个练习可以有多个答案

每个练习或问题并不一定只有一个答案,我反而建议你尽量给出不同的答案,因为在完成所有练习之后,会有一个环节帮助你整理归纳这些答案。

关键点 3 如果无法完成某些练习,也不用担心

如果对某些练习内容不太有感觉,跳过也无妨。或许你以为需要完成所有练习才能发现天赋。在一些培训中也会进行这些练习,人人都会参与,大家也觉得必须完成所有练习才行。有些人因为想不出答案还很自责。其实不用担心。无论选择哪个练习,最终都能找到自己的天赋,所以即便有些练习无法完成,也没关系。==我已经确保你能发现自己的天赋,你只要开开心心地练习就好。==

发现天赋的技巧①：回答 5 个问题

① 回答 5 个问题

[天赋]

让我们通过以下 5 个问题开始寻找你的天赋吧！每个问题都附有参考答案，供你借鉴。

问题 1 让你对他人感到不满的事情是什么？

什么事情让你对他人感到不满？你可能会想："为什么从不满中也能发现天赋？"这是因为，你感到不满，通常发生在以下两种情况：

- 如果是我，就会这样做
- 如果是我，绝对不会这么做

换句话说,一件事,他人无法完成,而你自己觉得理所当然能做到,这时你可能会想:"为什么连这种事都做不好?"这种"不满"其实是你发现天赋的绝佳机会,因为它的背后往往隐藏着你的天赋。

举个例子。我有一个朋友,总是聚会上的中心人物。他曾和我讲,"有人不停地讲无聊的事情时,我就会感到不满"。听到这句话时我特别震惊,以至于现在还记得很清楚。他觉得必须用有趣的对话来活跃气氛,口出此言也无可厚非。我这位朋友拥有的就是"下意识地通过有趣的谈话让人开心"的天赋。

- 从这个问题出发,发现天赋只用了 10 秒。
- ➡ 首先,想想让你不满的事情。接着,想一下哪些事情你觉得理所当然就能做到,因此对他人不满。

对于这个问题,下面展示几个参考答案。

(回答示例)

- 对提出意见时不考虑对方立场的人感到不满
    - ➡ 天赋:能站在对方立场思考
- 对一再犯同样错误的人感到不满
    - ➡ 天赋:能从根本上解决问题

- 对说话自相矛盾的人感到不满
  ➡ 天赋：有逻辑思考能力

<mark>当你对他人的行为感到不满时，不要只看到他们无法做到的事情，而是要意识到自己在这些方面有天赋。</mark>这不仅可以帮助你发现天赋，也会让你的人际关系变得更加顺畅。明天起，与人交往时，如果再次产生不满的情绪，不妨用这个方法试试看。它既能帮你发现天赋，也能改善人际关系，简直是一举两得。

> **要点**
> 让你不满的人，其实是在帮助你发现你的天赋。

问题 2 父母或老师常常提醒你的事情是什么？

父母或老师常常提醒你的事情是什么？

你可能会想："被提醒的难道不是缺点吗？为什么可以从这里发现天赋？"其实，之所以被人提醒，往往是因为这个特点非常明显。

例如，你能想象时速 300 公里的 F1 赛车，在限速 50 公里的公路上行驶，会发生什么吗？稍微一松懈就会因超速被罚，而如果想严格遵守限速，赛车的性能就无法发挥，反而会被束缚住。但是，一旦进入赛车道，F1 赛车就能尽情释放惊人的速度。

这个例子说明了什么？没错，找到那些你下意识地去做，被别人提醒才意识到的事情，并在合适的环境中把它当成优点发挥出来，这才是关键。

缺点		优点
在公路上被警告	F1 赛车	在赛车道上得到称赞

再举个例子，比如"总是关注消极面"这种看似负面的特质。U 先生就因为这一点总被周围的人提醒别总想着消极的一面。久而久之，他自己也觉得这是个麻烦的缺点，并努力不表现出来。然而，当他成为危机公关公司的顾问时，这个缺点反而成了他的优点。凭借关注消极面来识别和规避风险，U 先生得到了客户的信任和大量的工作机会。

我在高中时，因为世界史不在我的高考科目中，我选择将时间投入高考科目的学习，结果世界史考试得了0分，老师狠狠地批评了我。这个经历让我意识到，我有筛选出不必要的信息的天赋。

> **还有很多看似是缺点，但可以转化为优点的特质**

- 总是质疑一切
  ➡ 成为揭示真相的记者
- 不听他人讲，不停地自说自话
  ➡ 成为培训讲师
- 常常对他人提意见
  ➡ 成为咨询顾问
- 容易厌倦
  ➡ 成为连续创业者
- 经常批评政客
  ➡ 成为讽刺社会的说唱歌手

就这样，注意到自己被提醒的事情，也是发现天赋的简单方法。

- **回想自己被提醒的事情**
  ➡ **想想自己下意识做出的行为中，有哪些被视作缺点，将它们转化为优点**

对于这个问题，下面展示几个参考答案。

(回答示例：)

- 被提醒容易厌倦
  ➡ 拥有对新事物感兴趣的天赋
- 被提醒不和父母商量就做决定
  ➡ 拥有独立决策的天赋
- 被提醒冷漠、缺乏同情心
  ➡ 拥有冷静判断、不夹杂情绪的天赋

找到你被提醒过的天赋，在今后的人生中，请选择那些能够发挥这个天赋的环境，不要在不合适的环境中硬撑。如何找到能发挥天赋的环境，我将在下一章详细说明。这一章，我们先来发现你的天赋。

---要点---
被提醒的地方，就是你出众的地方。

(问题 3) 一旦被禁止就感到痛苦的事情是什么？

你知道一旦被禁止就感到痛苦的事情，会有助于你发现天赋吗？如果能理解这一点，那你就已经是发现天赋的高手了。

再次强调，天赋就是下意识会去做的事情。对你来说，做这件事是非常自然的，不做反而感觉不自然。所以，如果被禁止做这件事，你就会感到非常痛苦。就像鸟被禁止飞翔，被要求走路一样。

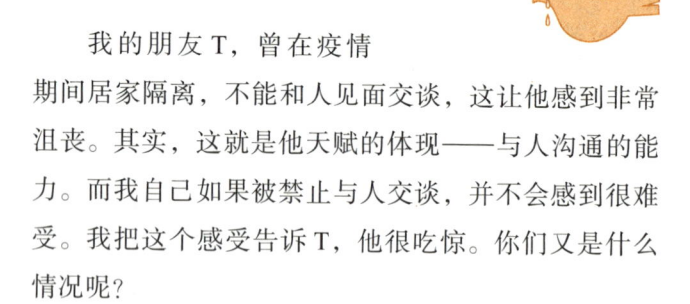

我的朋友T，曾在疫情期间居家隔离，不能和人见面交谈，这让他感到非常沮丧。其实，这就是他天赋的体现——与人沟通的能力。而我自己如果被禁止与人交谈，并不会感到很难受。我把这个感受告诉T，他很吃惊。你们又是什么情况呢？

每个人的天赋是不同的。要发现你自己的天赋，请按照以下步骤：

1. 想想哪些事情一旦被禁止，你就会感到痛苦
2. 想想自己下意识会去做的事情到底是什么

关键在第一步。我直接问你哪些事情一旦被禁止你就感到很痛苦，你可能想不出来。这个时候可以换个思路，回想一下什么环境会让你感到很压抑，通常这些环境就在压制你的天赋。

> 回想一下让你感到压抑的环境

因为疫情,被禁止和人见面交谈,感到很压抑

> 这就是下意识会去做的事情被禁止的环境

下意识会去做的事情是与他人沟通

对于这个问题,下面展示几个参考答案。

回答示例

- 如果禁止我给不健康的人提供建议,我会感到很痛苦
  ➡ 提供改进建议是我的天赋
- 如果禁止我安慰心情低落的人,我会感到很痛苦
  ➡ 与他人共情是我的天赋
- 如果禁止我看书,我会感到很痛苦
  ➡ 学习新知识是我的天赋

如果这些因被禁止而让你感到痛苦的事情是你的工作呢?那就不是想不想工作的问题了,而是下意识就完成了工作。这种情况下,你的人生就不存在动力不足的问题了。也就是说,==如果你正在为自己做事没动力而烦恼,那就说明你还没发现自己的天赋。==

==成功的秘诀不是逼迫自己"找到动力",而是找==

到那些在"没有动力"的情况下依然做得下去的事情。这些事情,和你的天赋紧密相关。

请一定要用这个问题来帮助你发现天赋。

> **要点**
>
> 把一旦被禁止你就感到痛苦的事情变成工作,你会从动力不足的烦恼中解放出来。

问题 4 用"正因如此"来重新表述你的缺点,会是什么样?

再强调一次,缺点和优点是可以相互转化的。当被问到你的优点是什么时,能回答的人很少;而问你的缺点是什么时,几乎所有人都能回答出来。你不觉得很奇怪吗?

其实,这和人的本能有关。相较于正面信息,人更容易关注负面信息,这就是所谓的负面偏见。之所以会这样,是因为人类的大脑是从必须为生存而战,稍有不慎就可能死亡的狩猎采集时代进化而来的,需要对"危险的事物"或"风险"等负面信息保持高度警觉。

这种关注负面信息的本能，即使在生存风险相对较低的现代社会中也没有改变。社会变化太快了，以至于大脑的进化还跟不上这个节奏。利用这种本能，可以让我们从容易找到的"缺点"中去发现"天赋"和"优点"。

有一句魔法般的话语，能让你的缺点瞬间变成优点。这句话就是"正因如此"。例如，如果你认为"因为自己社恐，所以很难交到新朋友"。将"因为（……）"换成"正因如此（或正因为……）"试试看。"正因为自己社恐，所以能够认真地和重要的人相处"，"正因为社恐，才能够拥有独立深入思考的时间"，这样就能瞬间把缺点转化成优点。

这个方法适用于任何缺点，无一例外。回答这个问题时可以按照下面的步骤来：

1. **先想出一个缺点**
2. **再思考这个缺点源自什么样的天赋**

对于这个问题，下面展示几个参考答案。

(回答示例)
- 和他人长时间待在一起会觉得疲惫

➡ 正因如此,才可以独立思考并创造出新的事物
- 获得他人认同的需求强烈
  ➡ 正因如此,才可以从事对很多人有帮助的工作
- 有时会用激烈的语言伤害他人
  ➡ 正因如此,才可以用这些话语激励他人
- 不擅长站在对方立场考虑问题
  ➡ 正因如此,才可以直接表达自己的意见
- 很难按指示行事
  ➡ 正因如此,才可以主动采取行动
- 不善于灵活应变
  ➡ 正因如此,才能够做好充分准备
- 不擅长没有目的地闲聊
  ➡ 正因如此,才能够不偏离目标,稳步推进
- 不擅长自主学习
  ➡ 正因如此,才可以借助他人的力量学习

除此之外,还有无数类似的例子。我在附录中列出了"1000个天赋选项"。=="正因为"你有缺点,你才闪闪发光。==而这样的场景,在这个世界上一定存在。

> **要点**
>
> 通过"正因如此"重新表述,缺点可以一下子变成优点。

(问题 5) 他人讨厌而你却乐在其中的事情是什么?

==如果能找到一份自己做着感觉像玩儿一样开心的工作,那就相当于赢在起跑线上了。==很多人认为工作就该伴随着痛苦,但现实完全相反。工作其实就应该是充满喜悦的"玩儿",在这种状态下做事不仅更有乐趣,结果也会更好。

如果你觉得做某件事像玩儿一样有趣,但在他人看来这只是一份工作,那这件事就是你的天赋。当你乐在其中时,即使一天工作 16 个小时、一周干满 7 天也不会觉得辛苦。但对那些感到痛苦的人来说,这简直是天方夜谭。所以,没人能在这方面胜过你。

"努力比不上全情投入。"这句话在工作中常被提起,经过了各种演绎和传播。它源自《论语》:"知之者不如好之者,好之者不如乐之者。"可以理解为,喜欢的事自然能做好,也可以用"兴趣是最好的老师"来解释。

| 工作是痛苦的 | 成果 → |
| 工作是有趣的 | ⟶⟶⟶⟶⟶⟶⟶ |

有人可能会觉得，自己唯一能全情投入的就是玩游戏。即使是这种情况，其中也隐藏着他的天赋。很多人喜欢玩游戏，但究竟喜欢游戏的哪个部分却因人而异。比如，有些人觉得提升等级特别有趣，这就说明他们可能有"稳步成长"的天赋。还有一些人会觉得用最短路径解决问题很有趣。这些人拥有"进行高效的战略性思考"的天赋。

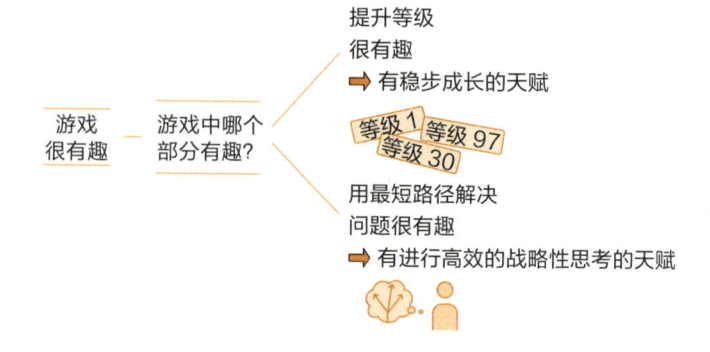

```
                             提升等级
                             很有趣
                             ➡ 有稳步成长的天赋

 游戏      游戏中哪个       等级1  等级97
 很有趣    部分有趣?         等级30

                             用最短路径解决
                             问题很有趣
                             ➡ 有进行高效的战略性思考的天赋
```

通过这样深入挖掘在自己喜欢的事情中，特别喜欢的那个部分是什么，你就能找到自己的天赋。这个问题其实也很容易回答。

（回忆一下，他人讨厌而你却乐在其中的事情）
➡ 想想其中哪个部分特别有趣

> 回答示例

- 负责推动会议进程
  - ➡ "引导大家发表意见并总结"很有趣 ⬅ 这就是天赋
- 照顾动物
  - ➡ "日常护理并看到变化"很有趣 ⬅ 这就是天赋
- 检查文件中的错误
  - ➡ "发现错误"很有趣 ⬅ 这就是天赋

如果能够将通过这个问题发现的天赋运用到工作中,就不会再想工作什么时候能结束了,而是会觉得时间过得太快了,还想多做点!

发现自己的天赋后,你对整个世界的看法都会发生变化,会觉得自己以前的生活不值一提。

> 要点
> 深入挖掘自己喜欢的事,就能发现天赋。

将发现天赋的技巧融入日常习惯

我介绍了5个可以帮助你发现天赋的问题。即使你现在还没有发现自己的天赋,也没关系。读到这里,你已经掌握了发现天赋的视角,从明天开始,生活中的点滴都会让你不断意识到自己的天赋。发现天赋甚至会变成一种习惯。我在本书附录中列出了"发现天赋的100个问题"。你可以利用这些问题,进一步发现自己的天赋。

在通过接下来的两个技巧发现天赋的各个组成部分后,你就可以做出一份天赋地图了。到那时,你散落的各种经验将会紧密地联系在一起,成为你生活的信心源泉。

发现天赋的 5 个问题

问题 1　让你对他人感到不满的事情是什么?

问题 2　父母或老师常常提醒你的事情是什么?

问题 3　一旦被禁止就感到痛苦的事情是什么?

问题 4　用"正因如此"来重新表述你的缺点,会是什么样?

问题 5　他人讨厌而你却乐在其中的事情是什么?

发现天赋的技巧②：
从1000个天赋选项中选择

[天赋] ← ② 从1000个选项中进行选择

发现天赋的第二个技巧是从1000个天赋选项中选择。在本书附录，我特意准备了一份包含了1000个天赋的清单。这份清单总结了每种天赋可以表现为哪种"缺点"与"优点"。浏览这份清单并试着选择自己的天赋吧。

即使有人觉得自己没有什么优点，也会在看到清单后迅速改变这种想法。

方法很简单：找出符合自己实际情况的天赋，在对应选项上画个"○"就好。

> **窍门 1**

先从缺点一栏开始

从缺点一栏开始查看,因为大多数人对自己的缺点更为熟悉,更容易产生共鸣。

> **窍门 2**

选择更贴近自己感觉的天赋

例如,"用故事来讲述"与"讲故事,使人身临其境"是相近的两种天赋,但仍会分别列出,原因在于,不同的人对表达的共鸣感不同。可以选择其中一个打"○",也可以两个都选择,这都没有问题。

当然,1000个天赋全都看一遍可能有些耗时。建议先看前100个。不用担心只看100个会遗漏什么,相似的天赋我选择用不同的文字呈现,这100个足以帮你找到天赋。

从清单中选择,就可以逐步发现你的天赋。不过,这只是起步。之后,当你完成天赋地图并能清晰地掌握它时,你一定会发现自己那令人激动的潜能,并从内心深处迸发出无穷的能量。

期待你在探索自己的天赋的过程中感受到乐趣!

发现天赋的技巧③：
从 3 个角度询问他人

③ 从 3 个角度询问他人 → [天赋]

前面介绍了发现天赋的两个技巧。这两个技巧都是独立的。然而，单凭自己去发现天赋总是有局限性，因为我们往往难以跳出自己的思维模式。自己认为理所当然能做到的事情，即便意识到并非理所当然，常常会觉得别人也能做到。

为了突破这一局限性，我接下来要介绍"询问他人"这个技巧。借助第三方的视角，帮助你发现那些对自己而言稀松平常，但在他人眼中却很特别的天赋。

质疑自己的感觉，相信他人的意见

也许你会问："他人的意见未必准确吧？"一项研究对 300 对伴侣进行了调查，结果显示，比起自己评估，亲密伴侣评估更能准确地反映出对方的性格特征。

| 自己
评估性格 | 亲密伴侣
评估性格 | 准确度
显著提升 |

事实上，"唯一不了解自己的人，就是自己"

我和 A 先生有过这样一段对话：

我：你有什么事情是自己下意识就会去做的吗？

A 先生：去旅行前会查好想去的店铺的营业时间和可以采取的交通方式，以分钟为单位规划行程。

我：这可真厉害！这是你的天赋！

A 先生：这不是很普通的事吗？没什么难的。

我：可我完全做不到啊，经常去了之后才发现那天店铺休息。

A 先生：真的吗？我从来没意识到这也是天赋。

这样的对话经常发生。周围人觉得这就是你的天赋，而你自己却毫无察觉。这种情况比比皆是。天赋就像架在额头上的眼镜，自己难以察觉，但他人一目了然。

自己难以察觉　　　　　他人一目了然

> **要点**
>
> 在发现天赋的过程中，要质疑自己的感受，相信他人的意见。

通过提问和对话发现天赋的 3 个方法

应该如何提问和对话，才能从周围的人那里获取准确的意见呢？

被你问到的人，大多对天赋没有深刻的理解。在这种情况下，直接问"你觉得我的天赋是什么？"，通常只会得到"可能你的厨艺还不错吧？！"这样的回答，而这无法满足你的需求。因此，你需要以合适的方法去询问。

这里介绍三个可以立即付诸实践的方法，让你从他人那里了解自己的天赋。我们来看一些具体的例子。

> **方法 1**

被别人夸奖而你感到意外的事情是什么？

第一个方法并不是直接去问别人，而是从别人的话语中找出关于天赋的"线索"。有没有什么事情是你没有特别努力却得到了别人的夸奖，而让你感到意外的呢？你也可以直接问亲密的朋友或家人："你觉得我有什么很厉害的地方吗？"

需要再次强调的是，天赋不是"需要努力才能做到的事情"，而是"不用努力就能做到的事情"。对你来说理所当然可以做到的事，别人却可能无法轻松做到，并因此夸奖你。相反，如果你是在努力后才获得表扬，那这很可能不是你的天赋。

努力后才被夸奖	没努力却被夸奖
↓	↓
不是天赋	是天赋！

在发现天赋的过程中，应该关注的不是自己的

"努力",而是他人的"夸奖"。

可以按照以下步骤来使用这个方法:

- 想想自己没怎么努力却得到别人夸奖的事情
  ➡ 然后思考其中自己"下意识会去做的事情"

这里提供 7 个具体的回答示例供你参考。

(回答示例)
- 迷路时马上向路人求助,同行的人表示感谢
  ➡ "毫不犹豫地借助他人之力"的天赋
- 在公司向同事和前辈解释如何使用网络摄像头等设备,他们说不擅长机械操作,并感谢了你的帮助
  ➡ "解释机器或系统使用方法"的天赋
- 患者对你说"谢谢你关心我"
  ➡ "关心周围人"的天赋
- 主动承担其他人不愿意做的事情,并因此得到了感谢
  ➡ "注意整体平衡,查缺补漏"的天赋
- 和被冷落的人搭话成为朋友,对方感到很高兴
  ➡ "为每个人营造归属感"的天赋
- 和朋友旅行时大家对行程犹豫不决,你提出了一个计划并收到感谢

➡ "制订大家都满意的计划"的天赋
- 只是普普通通地解释了一下,朋友却表示"条理清晰,非常容易理解!"
➡ "清晰且有条理地解释"的天赋

有一点要注意,被他人夸奖时,你是否总是谦虚地说"没什么"?从现在开始,请你完全摒弃这种习惯。很多人谦虚是因为这些事对他们来说太过寻常,没什么特别。正因如此,许多人没有注意到自己的天赋。相反,若能大方接受他人的赞美,会更容易发现自己的天赋。

找到这种"不用努力却受到别人夸奖的事情"并将其用于工作,会有怎样的效果呢?你会更轻松地获得成果、受到更多感激、提升自我认可度,工资也会上涨。回想起的过往经历就算不是什么大事,也没关系。因为你在"发现"天赋后,会通过"发挥"和"培养",逐渐为他人带来更多价值。请把这些小小的受到夸奖的事情当成天赋的种子,努力浇灌它们吧。

要点

努力后才被夸奖→不是天赋

没努力却被夸奖→是天赋

> 方法 2

我与众不同的地方是什么?

直接问自己比别人厉害的地方是什么可能需要些勇气。不妨换种方式,问"我与众不同的地方是什么?"你可能会觉得奇怪:了解差异真的有用吗?实际上,不同之处,无论是优点还是缺点,都是某种突出的特质。这些差异在某些环境中表现为缺点,在某些环境中则是优点,而背后通常都暗藏着天赋。

例如,有人说 W 先生"可以耐心地完成重复性工作",这是与别人不同的地方。过去,上司对他说"你可以自由安排这项任务",他会因为缺乏明确的指示而不知所措,完全无法推进工作。而如果另一位上司给他明确的指示,他就能以极高的专注度完成工作。因此,"差异"在不同环境中可以是缺点,也可以是优点。

这个方法的使用步骤如下：

1. **问问别人"我与众不同的地方是什么"**
2. **想想这种差异背后的天赋是什么**

只需如此，简单吧。

这里提供 3 个回答示例供你参考。

回答示例

- "大家在一起聊天时，只有你会默默倾听。"
  ➡ "认真倾听他人"的天赋
- "你会随手捡起路边的垃圾，这一点很特别。"
  ➡ "下意识保护环境"的天赋
- "你不会执着于人或物，和其他人不太一样。"
  ➡ "善于舍弃不必要的东西"的天赋

如果在你目前所处的环境中，某种天赋被视作缺点，可能会让你不禁怀疑自己为什么比别人差。然而，事实并非如此，你并不"差"，仅仅是"不同"。你需要做的只是找到一个能把这种差异作为优点发挥出来的环境，让差异成长为能带来成果的强项。后面我会介绍如何做到这一点。

总之，尽量先专注于找到与众不同之处。这样就能打开发挥天赋的大门。

> **要点**
> 你不是比别人差,而是与别人不同。

方法 3

我在做什么事情的时候看起来最开心?

你在发挥天赋时,内心会充满能量,这种能量显而易见,周围的人也会感受到。

发挥天赋时的能量会传递给周围的人

感觉有好强的能量……

你买衣服的时候,怎么判断合不合身呢?应该是通过镜子来客观地审视自己吧。同样地,只靠自己判断是很难发现天赋的。买衣服时候的镜子就是理解自我时的"他人"。

```
挑选衣服时              认识自我时，
借助镜子看到自己         通过他人看到自己
```

镜子 —客观视角→ 自己 —同样地→ 他人 —客观视角→ 自己

我曾问过陪伴在我身边的妻子：

我："你觉得我什么时候看起来最开心？"

妻子："当你一整天没什么安排，可以专心写作时，看起来特别开心。"

我："真的？我自己倒没意识到……"

妻子："你自己居然没发现？你看起来超开心的！"

正如这个例子，发挥天赋时，常常太自然，以至于自己意识不到。

通过这一方法发现天赋也很简单：

- 问问他人"我在做什么事情的时候看起来最开心"
  ⇒ 想想与自己"下意识会去做的事情"（天赋）的关联是什么

这里提供 3 个回答示例供你参考。

> 回答示例

- 被人说"学习英语"时看起来很开心
  ➡ "把不会的事情学会"的天赋
- 被人说"想着如何节省"时看起来很开心
  ➡ "优化成本"的天赋
- 被人说"用 Excel 自动化办公"时看起来很开心
  ➡ "思考如何提高效率"的天赋

不妨试着从这个角度向周围的人提问吧!不出意外的话,你会收到令你感到意外的答案,发现自己未曾意识到的天赋。

> **要点**
> 想要客观看待自己时,可以请"他人"作为自己的"镜子"。

从"互相指责的夫妻争吵"到"互相成全的夫妻会议"

U 夫妇一度走到离婚的边缘,原因是性格不合。每次吵架,都是从微不足道的事开始,然后逐渐升级。妻子会指责丈夫:"为什么不能多体谅我的情绪?!"

丈夫则会想："为什么你不能冷静地思考？"有一次，情绪激动的妻子甚至把冰箱里的冻鸡肉拿出来朝丈夫扔了过去。

然而，随着丈夫开始学习天赋相关的知识，他们的夫妻关系渐渐开始改变。丈夫了解到，"我们感到不满，往往是因为看到他人没能做到我们认为理所当然可以做到的事"。于是后来，每当快要争吵时，他就提醒自己："这是个发现妻子天赋的好机会！"逐步地，他加深了对妻子的理解，妻子也受到他的影响，慢慢能够接受两人天赋的差异。

从前的"互相指责的夫妻争吵"，变成了"互相成全的夫妻会议"。后来，两人更是将彼此的天赋结合，开始做手工艺品的生意。如今，他们都觉得对方是"唯一且最佳伴侣"。

正如前面提到的 5 个问题和 3 个角度，它们也可以被用于发现他人的天赋。当别人帮助你发现天赋后，你也可以帮助别人发现他的天赋，彼此成为对方的"镜子"。附录中还提供了"向他人询问天赋的 25 个问题"，希望大家利用这些方法，建立起互相成长的良好关系。

通过提问和对话发现天赋的 3 个方法

1. 被别人夸奖而你感到意外的事情是什么？
2. 我与众不同的地方是什么？
3. 我在做什么事情时看起来最开心？

将人生浓缩成一张纸，构建一个可以回归的起点

通过完成上面 3 个练习，你已经积累了以下内容：

- 表达天赋的"动词"
- 关于天赋的"具体经历"

现在，让我们将这些内容整理成你的天赋地图。我把用天赋和具体经历整理而成的房屋结构图，称为天赋地图。==这张图把你的人生经验浓缩到了一张纸上，作为你可以随时回归的"老家"。==

以下是天赋地图的制作步骤。

步骤1：将天赋分为3～5组
步骤2：在每个分组中（"柱子"部分）填写具体经历
步骤3：完成3张天赋地图

根据这三个简单的步骤，你就能自信地确认自己的天赋，而且会对未来如何发挥这些天赋感到兴奋。

> 稳定 | 天赋
> 让大家都能舒适相处
>
> | 经历1 | 经历2 | 经历3 | 经历4 |
> |---|---|---|---|
> | 在聚会上关注到插不上话的人并引导话题 | 小时候，主动和忐忑不安的转校生交谈 | 在合租时担任室友们的组织者，为所有人制定舒适的规则 | 他人常说"和你在一起很舒服" |

步骤 1 将天赋分为 3～5 组

将之前找到的<u>用来表达天赋的动词</u>全部列出。然后把意思相近的天赋分成 3～5 组，每组用一个动词来概括（推荐你用便利贴来帮助整理）。之后，给每组准备一张 A4 纸，用来画房屋结构图，即天赋地图，在"屋顶"部分写下这些动词。

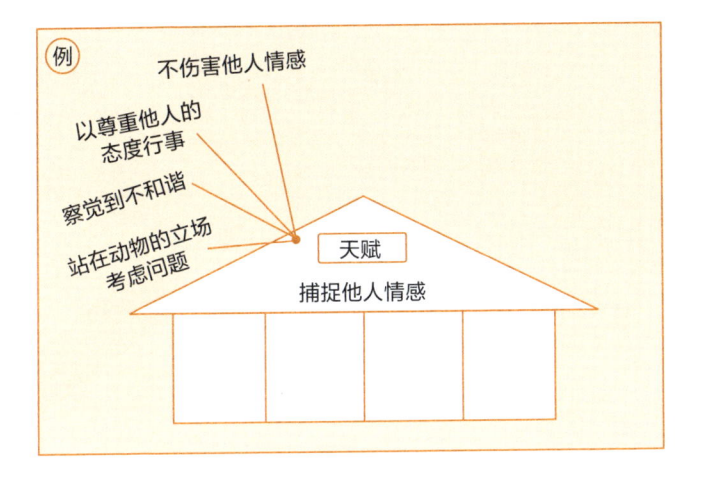

例）
- 不伤害他人情感
- 以尊重他人的态度行事
- 察觉到不和谐
- 站在动物的立场考虑问题

天赋：捕捉他人情感

步骤 2 在"柱子"部分填写具体的经历

在每张天赋地图的柱子部分，记录与该天赋相关的具体经历。本章的目标是让你对自己的天赋有信心，因此即便是该天赋表现为缺点的经历，也可以写入柱子部分。只要能写至少 4 个具体经历,这张天赋地图就算完成了。

天赋

捕捉他人情感

经历 1	经历 2	经历 3	经历 4
看到无法带动气氛的登台者会感到烦躁	能立刻察觉"有违和感的人",并和他保持距离	频繁察言观色,会感到疲惫	无法容忍浪费食物的人,因为这种行为忽视了与食物相关的人(如农民)的感受

(完成)

步骤 3 完成 3 张天赋地图

如果能够完成 3 张天赋地图,并对这 3 种天赋充满自信,那么发现天赋的工作就完成了!当然,如果可以完成 4 张或更多,那更好。

如果屋顶部分的天赋或柱子部分的具体经历数量不够，可以尝试使用附录中提供的额外练习。如果愿意投入一些费用，也可以选择"天赋测评"作为第四种发现天赋的方法。至于应该选择哪种天赋测评，我已经在附录中进行了详细解说，感兴趣的读者可以读一下。

　　完成天赋地图后，你就能自信地确认"这就是我的天赋！"对生活感到迷茫时，你可以回到天赋地图，重新找到自信，迈出新的步伐。

　　非常期待看到你的天赋地图！

把"普通的天赋"转变为"突出的天赋"的方法

　　如果你将自己的"天赋"组合起来，就会得到独有的突出的天赋。例如，我拥有学习新知识的天赋，但比我学习出色的人比比皆是。我还拥有连接、整理知识的天赋，以及表达简洁的天赋。单独来看，这些天赋都很普通。然而，把这三种天赋结合起来，就成为一种突出的天赋——把学到的知识系统化并用简洁的语言表达出来，拥有这种天赋的人可不多。

即使你现在还不清楚自己这三种天赋的组合效果，也不必担心。在不断发挥天赋的过程中，你会逐渐发现天赋之间的关联，然后有一天会猛然醒悟："原来这就是我的突出的天赋！"那一刻就像被闪电击中般震撼，充满喜悦。由此，我们继续下一章的学习。

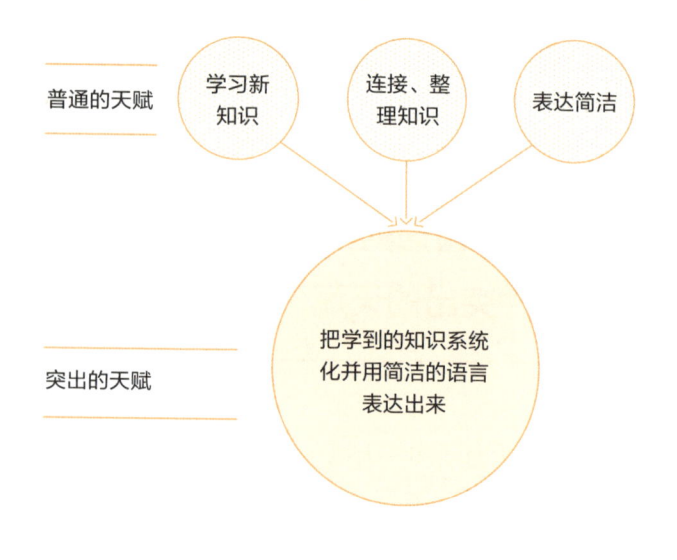

普通的天赋：学习新知识、连接/整理知识、表达简洁

突出的天赋：把学到的知识系统化并用简洁的语言表达出来

> **要点**
>
> "普通的天赋"组合后，可以变成"突出的天赋"。

第 4 章
CHAPTER

4

发挥天赋的方法

不能满足于"接受自己"

我在前面已经讲解了"发现→发挥→培养"天赋中的"发现"部分,接下来进入"发挥"部分。发现天赋后,能用语言解释自己过去的生活经历会让人感到非常踏实。

例如,过去觉得难以适应生活的人,若能这样来描述自己,自我接纳程度会更高。

- 我是 HSP(高度敏感者),所以生活才这么困难
- 我是个内向型的人,所以生活才这么困难

不了解自己或感觉自己不适合进入社会,这种状态让人非常不安。而如果可以解释产生这种状态的原因,人们会有一种如释重负的安心感。这类似于生病时去医院确诊后的心情。

我自己在接触到"内向型"这一概念后,也感受到了自我接纳带来的解脱。我希望你也能好好体验这

种感受。然而，我们不能在这里停下脚步。

重要的是如何发挥"已有的东西"。不仅仅要意识到自己是鱼，更要思考作为鱼该如何活下去。

> 第三章：意识到自己是鱼　　第四章：作为鱼该如何活下去

这一章将系统地教你发挥天赋的技巧。你将掌握一套可以终生运用的原则，使你的天赋发挥得淋漓尽致。通过这一章，你会体验到从未想象过的潜能。

让人快速成长的"帆船法则"

发挥天赋的技巧非常简单，只有两点：

- **发挥优点（帆）**

- **弥补缺点(船底破洞)**

发挥优点和弥补缺点这两件事情,我们该先做哪个呢?为此,我来为大家介绍"帆船法则"。

优点就像帆船的"帆"。而缺点则如同帆船底部的破洞。

"帆"越大,帆船能乘风航行的速度就越快。同理,如果一个人能够充分发挥自己的优点,那他会以惊人的势头不断向前迈进。反之,当帆收拢时,帆船无法乘风,也无法朝任何方向前进。此时,如果忽视帆船底部的破洞而不加以修补,水就会逐渐渗入,最终导致帆船沉没。同理,如果对缺点置之不理,最终可能会引发重大问题。

那么,理解了帆船法则,我们应该如何面对自己的优点和缺点呢?

正确面对优点与缺点的方法

如何面对优点和缺点？一共有三个选项

> 1 ❓
> 2 ❓
> 3 ❓

选项 1

只弥补缺点，让优点维持现状

第一个选择是只弥补缺点，让优点维持现状。很多人都会选择这一种方式。

只想着弥补缺点，就如同只修补漏水的船底。确实，如果不修补漏水的地方（缺点），帆船迟早会沉没。然而，即使修好了漏水的地方（缺点），如果不扬起帆（优点），船依旧无法前进。

听到这里，应该有不少人会心中一震，开始意识到自己只是在修补船底的破洞,帆船却并没有前进。

再次强调一下,关注负面因素是为了生存而进化出的人类本能,并没有什么不对。 在学校里,这种本能会被强化。你或许也曾努力提高自己不擅长的科目的分数。在每科满分 100 分的考试中,比起提升擅长科目(80 分)的分数,提升弱项(20 分)的分数更容易,也更容易获得好评。但进入社会后,突然被告知"个性很重要"。社会中没有 100 分的上限,某一领域的成绩可以是一万分、一亿分。

学校与社会之间的这种差异, 要求我们在进入社会后,将思维转换到"专注于提升优点"的方向上。

> **选项 2**
>
> **只发挥优点,忽略缺点**

第二种选择是"只发挥优点,忽略缺点"。这种方法其实也不可取。

很多人误解了"发挥优点", 以为只要关注优点就够了。之所以不可取,原因很简单:即使扬起了帆,如果不处理船底破洞,帆船迟早也会无法前进。

比如我自己很不擅长事务性工作,经常搁置不管。没有及时处理这些事情,以至于我心中一直惦记着,难以集中精力工作。有一次,信用卡甚至被冻结了。

就像到了某个时间点,渗水太多,导致船无法前进,只能停船排水。我因为信用卡问题交了不少滞纳金。忽视缺点的结果就是:尽管能够快速前进,但因为总是停滞,无法持续保持前进的势头。

还有一些因为忽视缺点而停滞的典型例子,如下所示:

忽视缺点导致的停滞

- 忽视财务问题,结果导致资金短缺
- 忽视人际关系,结果无人可依靠
- 不断学习,却从不付诸行动,因此没有成果
- 想法虽多却没有坚持到底,结果无法完成任何事情

像这样，状态起伏大的人通常是因为忽视了自己的缺点。你是否也有类似的情况呢？

> **选项 3**

充分发挥优点，同时弥补缺点

最后一种选择是"充分发挥优点，同时弥补缺点"。我相信你已经明白了，这才是最理想的生活方式。为什么"充分发挥优点，同时弥补缺点"是最佳选择呢？让我来举个例子。

我本人不太在意健康问题。步入社会后，我有五年左右的时间一直保持下面这样的饮食习惯：早餐是加了大量糖的咖啡牛奶，配上涂满黄油的可颂，午餐是一大碗拉面，晚餐则在居酒屋吃油炸食品、喝啤酒。冰箱里常年备着可乐，工作则需要长时间坐在电脑前。不知不觉，我的体重增加了 10 公斤，双下巴明显，T恤也开始紧绷。这样的生活习惯导致我每个月都会因身体欠佳而卧床休息。这就像某个时刻帆船积水太多无法前进，不得不停下来排水一样。

即便现在，我也不是特别关注健康问题。于是，我让妻子来帮我管理饮食。在她的帮助下，我戒掉了可乐和甜腻的咖啡牛奶，对拉面也逐渐失去兴趣。我甚至喜欢上了之前讨厌的沙拉，到了不吃沙拉就感觉不自在的地步。不知不觉，我的体重减轻了10公斤。认识妻子的3年时间里，我只得过一次小病，从未因病卧床。我的书成了畅销书，公司业务也在持续增长。我真的很感谢妻子帮我弥补了缺点。

就这样，我这艘"船"在补好了破洞（缺点）后，得以撑满帆（优点）全速前进。我希望大家也能充分发挥优点，同时弥补缺点。

正如我的例子所示，弥补缺点并非必须独自完成。弥补缺点的方法共有三种，稍后我会详细介绍。这种"充分发挥优点，同时弥补缺点"的思维方式不仅仅适用于个人，在团队中也同样适用。

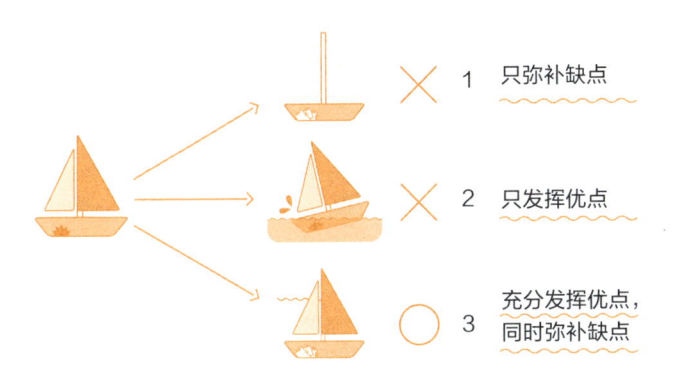

× 1 只弥补缺点

× 2 只发挥优点

○ 3 充分发挥优点，同时弥补缺点

任天堂前社长岩田聪曾说："我们要清楚自己擅长什么，不擅长什么。明确我们的优点，确保我们的优点得到发挥，同时引导团队弥补缺点，这才是管理的真谛。"

充分发挥优点，同时弥补缺点，这种思维方式可以帮助人类最大限度地挖掘潜力。

> **要点**
> 在充分发挥优点的同时弥补缺点，这样才能快速前进。

"陷入恶性循环的人"与"进入良性循环的人"的唯一差别

到这里，我们已经了解了"充分发挥优点，同时弥补缺点"的重要性。接下来的问题是：应该先发挥优点还是先弥补缺点呢？顺序非常关键。

先发挥优点，再弥补缺点。这个顺序绝对不能错。

1. 发挥优点

2. 弥补缺点

理由是,先发挥优点可以减少缺点的暴露。这可以用心理学的一个基础理论"拓展—建构理论"来解释。拓展—建构理论指的是通过持有积极情绪,拓宽视野并提升解决问题的能力。

先发挥优点,可以让人保持积极的心态并拓宽视野。这样一来,自然而然地就能关注到弥补缺点的方法,反过来又能更好地发挥优点,形成良性循环。

然而,很多人一开始就关注缺点,导致心态变得消极,视野也逐渐变窄,反而增大了出错的可能性,陷入恶性循环。为了避免出现这种情况,请大家牢记先发挥优点,再弥补缺点这一顺序。接下来,我们正式开始学习发挥天赋的技巧,让天赋成为你的优点!

> **要点**
>
> 先关注优点,可以开启良性循环。
> 先关注缺点,则会开启恶性循环。

良性循环

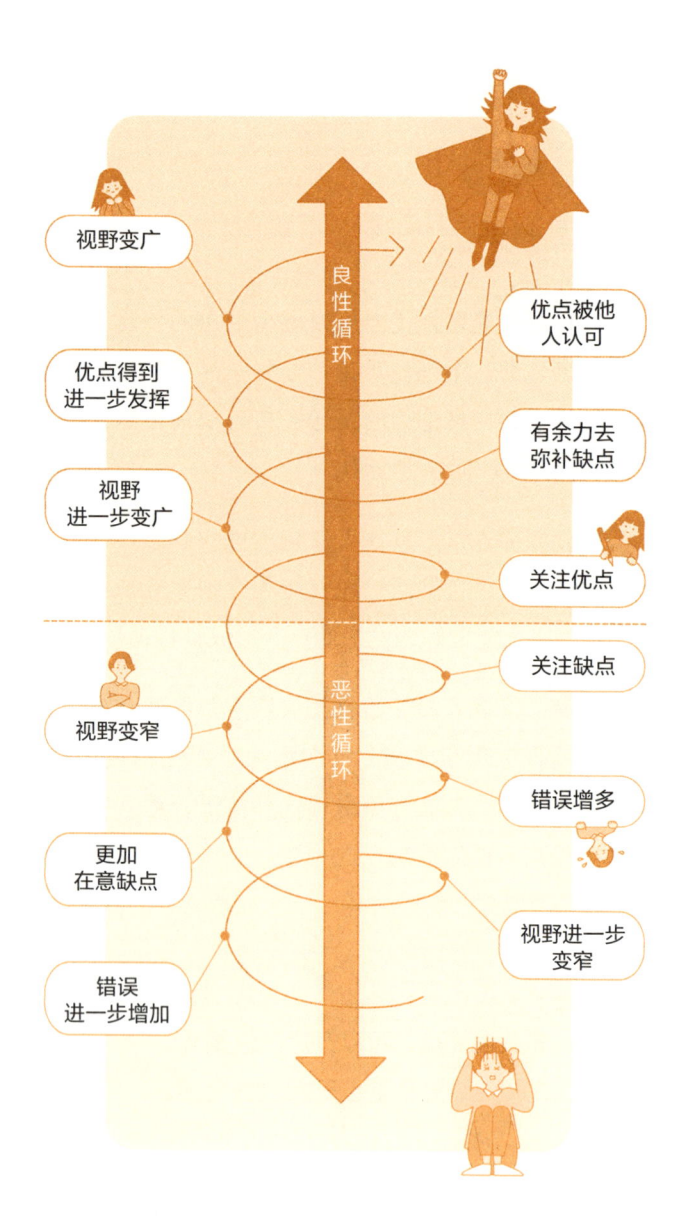

- 视野变广
- 优点得到进一步发挥
- 视野进一步变广
- 优点被他人认可
- 有余力去弥补缺点
- 关注优点

恶性循环

- 关注缺点
- 视野变窄
- 错误增多
- 更加在意缺点
- 视野进一步变窄
- 错误进一步增加

能够在无意识层面使用的
终身受益的技能

从这里开始,我将介绍发挥天赋的技巧。其中,发挥优点的技巧有两种,弥补缺点的技巧有三种。正如我之前所说,发挥天赋的技巧不同于技能和知识,前者将伴随你一生。天赋越用越熟练,最终会变成一种习惯,让你无须刻意思考就能发挥出来。未来,它将成为你开拓人生的强大武器。

发挥优点的两种技巧

首先来看发挥优点的技巧,就两种:

①创意思考法:将工作变为事业的魔法
②环境迁移法:创造能发挥优点的环境的技巧

这意味着，为了将天赋作为优点发挥出来，你有两种选择：在现有环境中将工作变为事业或改变环境。

判断是否要改变环境的标准是"是否已尽全力"

一个常见的问题是，"我该在什么情况下换环境？"有些人会想，"虽然我已经取得了一些成就，但可能还有其他选择。这种情况下该换环境吗？"许多人对"换环境的时机"感到迷茫。有的人因为换得过早而频繁更换工作；有的人则因为换得太晚，精神状态很差。

我在这里提供一个简单的判断标准：

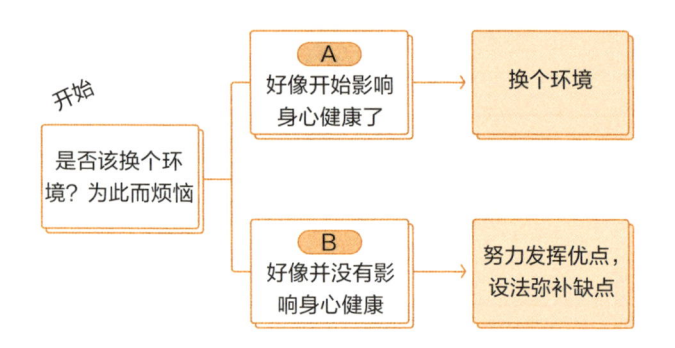

```
开始
             ┌─ A 好像开始影响身心健康了 ──→ 换个环境
是否该换个环境？
为此而烦恼    └─ B 好像并没有影响身心健康 ──→ 努力发挥优点，设法弥补缺点
```

A 迅速离开极不适合自己的环境

如果留在当前环境中，会让你产生"我不行"这样自我否定的想法，或者有对身心健康产生不良影响

的征兆，请马上换个环境。没有时间犹豫，也不用考虑下一步该做什么工作。因为只有在远离天赋被压抑、成为缺点的环境之后，你才能冷静地做出判断。待情绪稳定后，可以从"发挥优点的技巧②：环境迁移法"中找寻下一步的指引。

B 通过努力争取，让自己能具象化地表达出"我能发挥天赋的环境"

如果暂时没有影响身心健康，我们要争取在现有环境中找找办法，充分发挥天赋。为什么要这样做？因为这个过程能让你更深入地理解自己的天赋。即便最终结果不理想，这段经历也非常有价值。

许多人不努力争取一下，就因为"总觉得不喜欢"而离开某个环境，这样做其实很像赌博，你无法保证下一个环境就适合自己。反复赌博的结果就是，你很有可能永远也找不到最适合自己的工作（事业）。

如果你在努力争取后，明白了自己究竟为什么不适合这个环境，再做出离开的决定，那么之前所花的时间将成为今后宝贵的判断依据，帮助你更清楚地认识到什么样的环境不适合你自己，并逐渐明白什么样的环境最适合发挥自己的天赋。

随着经验的积累,你会越来越擅长选择环境,人生也会越来越顺。因此,本书按照"创意思考法→环境迁移法"的顺序介绍发挥优点的技巧。

> **要点**
>
> 要从"总觉得不喜欢"变成"明确知道为什么不喜欢",具象化表达。

CHAPTER 4

发挥优点的技巧①:
创意思考法——将工作变为事业的魔法

创意思考法,指的是巧妙思考发挥天赋的方法,是一种将当下的工作转变为自身事业的技巧。我不喜欢"发现事业"这个说法,因为它容易让人产生一种感觉——在世界的某个角落总有唯一适合自己的工作,只要发现它就会幸福。然而,事业并不是"被发现"的,而是自己创造的。在容易发挥自己优点的环境中,通过巧妙地思考其发挥方式,你就能慢慢地感受到"这就是我的事业"。

让我们掌握创意思考法，将工作转化为事业吧。

不要再模仿他人的成功了

根据我的经验，90%以上的人可以在现有环境中，通过适当的调整来发挥他们的天赋。举个例子，20多岁的公司职员H先生，他的目标是成为在世界各地自由活跃的人。他思考着在日本现在能做些什么，一边工作，一边把向海外发布视频作为副业。

最初，他模仿一位向海外发布视频并取得成功的日本人，创作关于时尚、日本美食评论、滑板等方面的内容，并精心编辑上传视频。然而，他的频道订阅数只有20人左右。H先生感觉自己的频道既没意思，也不像自己的风格。

那个时候，H看到了我之前写的一本书《如何找到想做的事》，并开始实践书中提到的天赋发现练习。他发现自己的天赋是表达理想的未来和深入思考人生。于是，他开始发布"我在一年内想要实现的目标""对日本'出头鸟'文化的看法"这一类的视频。

"真是超有意思！我平时怎么想，在视频里就怎么说，一点儿也不费劲。"H先生如是说。半年后，他的频道订阅数达到了5000人，并且仍在增长中。

H先生分享了他的感悟："我切身体会到，模仿他人的成功没有意义。我们各自拥有的天赋完全不同。我参考的那位创作者非常擅长制作酷炫的视频，这正是他发挥他的天赋的方式，而我也有我的方式。"

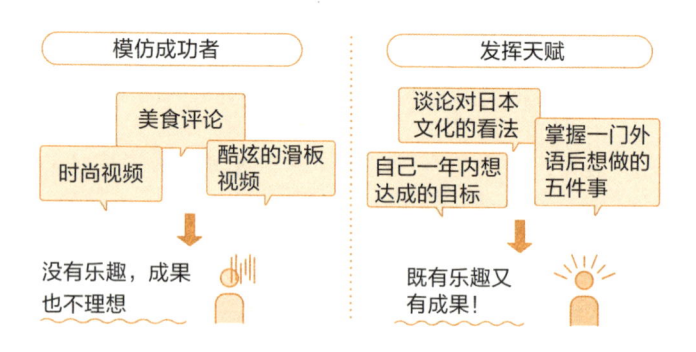

模仿成功者	发挥天赋
美食评论 时尚视频　酷炫的滑板视频	谈论对日本文化的看法 自己一年内想达成的目标　掌握一门外语后想做的五件事
↓	↓
没有乐趣，成果也不理想	既有乐趣又有成果！

H先生的经历恰好体现了我在这里想要传达的关键点。同样的事情，每个人的做法不尽相同。发现并创造性地、巧妙地运用自己的天赋，才会获得成果。如果只是模仿他人，即使取得了些许成绩，也很难持续。我们真实地展现自己下意识会去做的事情，即便短期内没有成效，也能坚持下去。在当前的工作中，你仍然可以想一些方法来更好地运用你的天赋。

"有没有更好地运用天赋的方法？"如果你有问这

个问题的习惯,你的天赋就会越来越有效地发挥作用。

以下是一些在现有环境中发挥天赋的实际案例,供你参考。

"创意思考法"应用案例

- 社恐,难以建立新的人际关系
  ➡ 运用"对新事物充满好奇心"的天赋,去自己感兴趣的人所在的学习场所,结识他们。
- 过于重视逻辑,忽视他人感受
  ➡ 运用"制定并遵守有效规则"的天赋,在表达意见时询问"我这样认为,不知道你怎么看?"以这种柔和的方式进行交流。
- 需要学习,但对无聊的内容提不起兴趣
  ➡ 通过"和目标一致的朋友一起努力"的天赋,在餐厅与朋友互相提问学习,从而激发动力。

"创意思考法"实践中的询问

首先请回答以下三个问题:

- 是否可以将该工作内容与你天生擅长的事物联系起来?
- 能否借鉴过去在其他事情上的成功经验,应用于当前的工作内容？
- 能否利用一些可以激发你动力的措施，来提升自己的积极性？

发挥优点的技巧②：环境迁移法——创造能发挥优点的环境的技巧

在本书中，我已经分享了很多通过转换或迁移让天赋得到发挥的案例。接下来，大家可能关心的问题是："我该如何选择适合自己的环境呢？"让我继续为你解答。

探寻成功经历中的共通点

为了找到容易发挥优点的环境，我们将使用天赋地图。做法非常简单。

- 从一个天赋地图中，挑选出那些能将其作为优点发挥出来的经历，找出其中相同的环境条件。仅此而已！

找到至少两个天赋作为优点发挥出来的经历即可。如果这类经历较少，可以参考附录"从优点中发现天赋的 25 个问题"，进一步挖掘。

当你有两个以上这类经历时，回答以下问题，即可轻松找到适合发挥你天赋的环境条件：

- 所从事的内容（工作、任务或爱好）的特点是什么？
  ⇒ 示例：一个人默默地开展工作
- 当时周围的人是谁？
  ⇒ 示例：有一位值得尊敬的老师可以请教

将这些问题应用于每一个天赋，便能总结出适合各类天赋的环境条件。

通过"四种天赋分类表"，提高环境匹配度

仅凭直觉找到适合发挥天赋的环境确实不容易。为了解决这个问题，根据不同的天赋类型，我将以下内容归为四种类型，详细整理在本书中：

- **适合发挥优点的职业和角色**
- **容易暴露缺点的职业和角色**

使用这个分类可以大大提高找到适合自身天赋的环境的概率。记住这仅仅是一个维度的分类,不要绝对化,把它当作大致的方向指引就好。

表格底部有关"适合培养天赋的技能与知识"的内容,我将在第五章详细介绍。

再次提醒,建议先运用创意思考法,再尝试环境迁移法。按这个顺序逐步推进!

> **要点**
> 按照创意思考法→环境迁移法的步骤有序实践,来发挥你的优点。

弥补缺点的三种技巧

学会如何发挥优点之后,下一步就是弥补缺点了。你身边可能也有那些几乎看不到缺点的人,他们其实是在有效地运用弥补缺点的技巧。他们不是没有缺点，而是让你看不到缺点。

请务必牢记，弥补缺点的前提是你已经能够充分发挥自己的优点。若是在优点尚未发挥之前就试图弥补缺点，那就相当于只是在修补一艘原地不动的帆船的船底，这一点我之前已经提到过了。

弥补缺点的技巧共有三种：

① 舍弃法：剔除所有不符合自身个性的事物，让自己更自由
② 机制法：像闹钟一样自动弥补缺点
③ 借力法：轻松之余还能贡献社会，实现双赢

四种天赋分类表

天赋类型1：推进型

[表达天赋的动词]

产生创意、开始新的事物、表达自己的意见、达成目标、理性思考、挑战、描绘未来

适合发挥优点的职业和角色	容易暴露缺点的职业和角色
管理类工作 / 企业家 / 研发负责人 / 项目经理 / 市场营销 / 整体视角 / 商业战略 / 创意发现 / 产品开发 / 产品设计 / 销售策略规划 / 顾问	数据分析 / 客户服务 / 例行工作 / 详细分析 / 市场调研 / 文本校对 / 时间管理 / 咨询师 / 倾听他人 / 接待 / 行政 / 人事

[适合培养天赋的技能和知识]

信息管理、思维管理、商业模式、创意生成、演讲展示

天赋类型3：思考型

[表达天赋的动词]

思考、学习、识别风险、准确执行、分析

适合发挥优点的职业和角色	容易暴露缺点的职业和角色
财务 / 顾问 / 研究类 / 专业服务 / 分析师 / 企划 / 系统设计 / 数据汇总、分析、管理 / 优先排序 / 项目管理 / 合规 / 文档撰写 / 组织管理 / 时间管理 / 文本校对	谈判 / 客户服务 / 市场营销 / 销售 / 人事管理 / 头脑风暴 / 系统设计 / 团队建设 / 文案写作 / 激励团队 / 产品开发 / 演讲展示 / 销售 / 接待 / 公关 / 创意类工作

[适合培养天赋的技能和知识]

批判性思维、Excel、写作技巧、金融、会计、信息收集与调研、项目管理

天赋类型②：表演型

[表达天赋的动词]

在大众面前讲话、挑战、坦率表达意见、结交新朋友、沟通、带动他人

适合发挥优点的职业和角色	容易暴露缺点的职业和角色
制作人 / 公关 / 促销推广 / 销售 / 领导力 / 战略策划 / 演讲展示 / 激励团队 / 项目启动阶段 / 团队领导 / 销售 / 娱乐行业 / 接待 / 策划人	财务 / 系统设计 / 谈判 / 分析 / 测量 / 项目管理 / 客户服务 / 文本编写 / 技术类工作 / 研究员 / 税务师 / 医生

[适合培养天赋的技能和知识]

演讲展示、品牌建设、演讲技巧、社交媒体、市场营销

天赋类型④：人际关系型

[表达天赋的动词]

团队协作、察觉他人情绪、帮助有需要的人、组织协调、倾听

适合发挥优点的职业和角色	容易暴露缺点的职业和角色
销售 / 谈判 / 广告代理 / 记者 / 搭建人际关系 / 团队建设 / 协作 / 伙伴关系 / 人际网络 / 适应性评估 / 项目执行 / 市场调研 / 咨询师 / 护理工作 / 接待 / 人事	财务 / 操作管理 / 产品开发 / 数据处理与报告 / 合规 / 创新 / 系统设计 / 危机管理 / 激励团队 / 规则管理 / 战略领导力 / 演讲 / 市场营销 / 系统分析 / 整体视角 / 推动变革

[适合培养天赋的技能和知识]

沟通技巧（说话和倾听技巧）、销售、谈判、人力资源管理、团队建设

"封杀缺点的努力"必然是徒劳的

在讲解弥补缺点的技巧之前,先说一种绝对不可取的、错误的对待缺点的方法,那就是,试图封杀自己的缺点。

例如,有些人擅长察觉他人的情绪,却会为总是被他人的情绪影响而苦恼。在这种情况下,常常会得到"别太在意啦""迟钝点比较好"的建议。你是否也曾听过或给过他人这样的建议?这种建议毫无意义,相反会让苦恼的人更加痛苦。即使他们真的尽量不在意,效果也不会好。原因在于,察觉他人情绪对这些人来说,就是下意识就会去做的事情。之所以被称为天赋,正是因为它是无意识的自然流露,而非可轻易凭意志封杀。让一个天生擅长感知他人情绪的人"什么也感觉不到",就像强行让鸟儿不飞翔一样,根本不可能。而且,这种建议还会让对方陷入自我否定,认为努力不去在意他人的情绪,但怎么也做不到,是自己太差了。

而强行否认自己的感知力,只会同时封杀能够细腻体察他人情绪的优点。最糟糕的情况下,甚至可能影响身体健康。

封杀缺点,优点也会消失

- 缺点: 被他人情绪左右
- [天赋] 感知他人情绪
- 优点: 关怀他人感受

此外,封杀缺点且失败的例子还有以下几个

- 因谨慎而行动缓慢
    ⇒ 强制要求自己先动起来
- 思虑过于严谨
    ⇒ 强调"随意一点",来降低认真程度
- 习惯深入思考
    ⇒ 试图不想太多
- 总是在意他人目光
    ⇒ 强迫自己别管他人怎么看
- 行事冲动、不顾后果
    ⇒ 刻意提醒自己三思而后行
- 责任心太强而过度操劳
    ⇒ 被人告诫"不要勉强自己"并试图这样做

这些方法不仅无效，反而可能会抹杀自身原本的优点，所以千万别这么做。那应该如何应对缺点呢？

接下来，我将介绍弥补缺点的三种技巧。如果你能掌握这三种技巧，后面的人生应该不会再为自己的缺点而烦恼。请务必在此刻，学会这些终身受用的弥补缺点的技巧。

弥补缺点的技巧①：舍弃法 —— 剔除所有不符合自身个性的事物，让自己更自由

不要高效地去做无意义的事情

为了弥补缺点，我们首先应该考虑的是，"能否舍弃那些会暴露出缺点的行为？"事实上，很多人做的事情既无法带来自我满足，也不利于收获工作成果，却仍然在坚持。通常，这是因为他们有"必须要做"的执念。如果不先舍弃这些行为，不论如何努

> 真的有必要舍弃吗？

力地弥补缺点，都只是在高效地做无意义的事情。显然，我们应避免这种情况。为了实现这一点，我们需要放下"必须要做"的执念，并舍弃那些容易暴露缺点的事情。

我在四人以上的聚会中往往成为"空气"

以前我一直苦恼于一件事。我在四人以上的聚会中，会感到很不自在，完全无法加入聊天，只能不时地点头附和，就像空气一样。这种情况让我特别自卑，或许你们中也有人有同感吧。

虽然我有些社恐，但在一对一的场合我能正常交流，也能建立良好的人际关系。然而，一旦人数超过四个，就完全不行了。因此，现在我有一个非常简单的对策——不参加四人以上的聚会。我决定坦然地接受自己不擅长应对这种场合的特点。

我经常参加研讨会和讲座，但从不参加随后的聚会，因为我深知自己不会开心。在彻底接受这一点之前，我曾一度执着于在大型聚会上拓展人脉，并纠结"真的可以不去吗？"结果证明，不去也完全没问题。反而我更珍视与家人和朋友每一次单独相处的时光。

因此，我能够投入更多时间与人建立深层的信赖关系，而奇妙的是，工作也随之顺利起来。对我而言，在大型聚会上拓展人脉的想法完全是错误的。通过舍弃暴露缺点的事物，我减轻了自己的压力，生活和工作也都更加顺利。

舍弃得越多，你越会成为真实的自己

我曾听过一句话，至今印象深刻："嘿，木雕的大象是怎么做出来的？""很简单啊，只要把不是大象的部分全都去掉就行了。"在这里我想补充一句："如何才能活得像自己？""同样的道理，把不符合自身个性的部分都舍弃掉就行了。"

舍弃那些不符合自身个性的部分，
留下真正属于你的部分

本书介绍了从内在发现天赋的方法。当你舍弃掉所有不符合自身个性的事物后，"剩下的那些"可以被视为下意识会去做的事情，也就是天赋。

有些事情，你做得理所当然，我让你舍弃，你还得拿出点勇气才行。如果你得咬牙才能舍弃它，就说明这件事情你压根儿就不该舍弃。

那些下意识会去做的事情已经深深刻在你的行为模式中，就算你想舍弃也很难做到。通过舍弃，你可以腾出更多时间发挥你的优点，活出自我。

舍弃法的案例

- 舍弃制定目标
  ➡ 不再被目标束缚，随性行动
- 舍弃将家务做得完美的想法
  ➡ 只在愿意且有空时才做家务，这样可以将时间花在工作、兴趣和为将来储备技能的学习上
- 舍弃对手机的依赖
  ➡ 制定一天中不看手机的时间段，摆脱被信息和通信追着走的感觉

舍弃法的相关问题

- 这种行为是否对你的职业成功而言必不可少？
- 有可能停止这一行为吗？
- 停止后会有什么困扰？
- 有必要在舍弃之前与哪个人商量吗？
- 如果无法完全舍弃，如何减少投入的时间？

弥补缺点的技巧②：机制法——像闹钟一样自动弥补缺点

第二种技巧是利用一些自动化的机制来弥补你的缺点。实际上，有许多机制可以高效地弥补你的缺点。提到利用机制，可能一些人会觉得复杂。那么请问："你用过闹钟吗？"

绝大多数人都用过。这就是弥补"早上起不来"这种缺点的一种机制，实际上没有任何难度。

用机制弥补缺点的巨大威力

我有粗心大意这个缺点，经常出现工作疏漏。

容易遗漏、感到不安

将检查事项列成清单

检查无误后，更加能够发挥在公众面前清晰表达的优点

例如，在举办研讨会时，我曾经因为电脑不出声而焦头烂额。之后，我便开始运用机制法，将研讨会前的检查事项列成清单。自从有了这个清单，我便能放心发言，进一步发挥自己在公众面前清晰表达的优点。

此外，作为一个只喜欢做自己感兴趣的事情的人，我在独立生活后一直觉得管理收据和申报税务非常痛苦。尽管这些事情时常在脑海中萦绕，但我总是不愿处理。后来，我把这些烦琐的工作交给了税务顾问。他们负责文件管理和申报工作，现在我几乎不需要为此花费时间，可以全身心投入工作，这也是机制法的一种方式。

使用机制法有时会产生一些费用。不过，假如你能够支付这些费用，将那些消耗精力的事情交给他人来做，通常你会发现，自己可以投入更多的时间去做能够发挥优点的事情，最终获得的回报往往超过支出的成本。这个世界上有很多出色的机制。==利用它们，可以避免暴露缺点。== 请试着体验一下能够充分发挥自己的优点、勇往直前的感觉。

机制法使用案例

- 不会整理收纳
  ⇒ 雇用家政服务

- 熬夜看手机
  ➡ 晚上关掉 Wi-Fi
- 饮食营养不均衡
  ➡ 使用每周提供预制健康餐的服务

(机制法的相关问题)

- 与你有相同缺点的人使用了哪些方法来应对？
- 不想花时间做的事情，有没有能花钱请他人来做的方法？
- 你有没有试着搜索"我不想做○○"（例如"我不想做幻灯片"），来查找应对方法？

弥补缺点的技巧③：借力法——轻松之余还能贡献社会，实现双赢

"我不擅长寻求帮助。"很多人都有这种想法，正因如此，能否善用借力法将会带来巨大的差距。总是试图自己一个人完成所有事情，就像使用电系皮卡丘拼命对岩石系的宝可梦发动电击技能一样无效。如果你真的必须与岩石系的宝可梦对战，那么换成擅长对

付它们的水系杰尼龟不是更好吗？

下面分享一个让你能够轻松运用借力法的简单技巧。

借力他人的三个要点

20多岁的M女士，常常独自承担所有工作，深夜加班几乎成为常态。特别是她非常不擅长制作用于研讨会的幻灯片，总是耗费大量时间。听闻此事，同事和她讲"做不到的事早点儿交给我不就行了吗！""你交给我，我特开心"。不过，M女士还是很难借力他人。

然而，在某个契机下，M女士开始能够把自己不擅长的事情交给他人了。那么，她究竟发生了哪些变化呢？

总结来说，主要有三点。第一点是能够认知到自己存在的价值；第二点是意识到有些人乐于承担她不喜欢做的事；第三点是发现人被需要时会很开心。

借力法的要点1：不敢借力他人的人"尚未确认自己存在的价值"

当一个人能够充分发挥自己的优点时，往往更容易向他人坦白自己的缺点。不敢借力他人的根本原因在于担心一旦放手,就会失去自己存在的价值。也就是说,不敢借力他人的人,其实尚未确认自己存在的价值。相反,能够借力他人的人则坚信自己拥有不可动摇的存在价值。M能开始借助他人之力,主要是因为他被赋予了培养部下的责任。

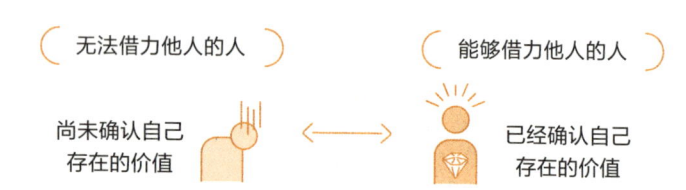

无法借力他人的人	能够借力他人的人
尚未确认自己存在的价值	已经确认自己存在的价值

M女士表示,"我能够清楚地了解如何与他人沟通,帮助他们成长"。这项工作正好能够充分发挥她的优点。由此,M女士逐渐感到自己可以为团队做出贡献,即便稍微借力他人也无妨,从而更加自信地借助他人之力。M女士还回忆起自己无法借力他人时的心理状态:"制作幻灯片是每个进入职场的人都应具备的基础技能,我非常害怕让他人知道自己在这方面能力不足,因为担心会被认为是个不称职的员工。"

以前有一位主妇表示自己在家务上遇到了困难,我提议她可以尝试请家政服务,她的反应却是:"请家政?那绝对不行!家务就是我的责任!"深入交谈后得知,她同样担心如果放弃家务,自己就会失去存在的价值。

同样地,如果你也无法舍弃自己的缺点,或许是因为还未找到能够真正展现自身优点的领域。当人们在发挥自己的优点时,往往会更加坦然地借力他人来弥补缺点。因此,要想借力他人来弥补自己的缺点,首要任务是能够发挥自己的优点。

> **要点**
> 　　如果能充分发挥优点,便能更坦然地借助他人来弥补缺点。

借力法的要点 2:意识到"有些人愿意做自己不喜欢做的事情"

借力法的第二个要点是,意识到有些人愿意做自己不喜欢做的事情。一旦理解了这一点,便会突破心中的障碍,逐渐摆脱难以借力他人的心理。==许多人常误以为自己不喜欢的工作,其他人也一定不喜欢==。为什么呢?读到这里,你应该已经明白了吧。是的,正是因为对自己来说理所当然的事情,常常误以为"他人也一样觉得理所当然"。然而这其实大错特错。

每个人的天赋各不相同，因此，喜欢做的事情和不喜欢做的事情也截然不同。先前的 M 女士也说过讨厌做幻灯片，所以觉得其他人也会讨厌。结果，当她小心翼翼地请求同事帮忙制作幻灯片时，没想到对方兴奋地回应："我很乐意做这个！"这让 M 女士惊讶不已。

或许你也有过类似的经历吧？

认为自己不喜欢做的事，他人也会讨厌
无法借力他人

每个人的天赋不同，自己讨厌做的事情也可能有人乐在其中
能够借力他人

许多人都听过"己所不欲，勿施于人"。虽然这在某种程度上是正确的，但并非总是如此。因为自己不喜欢做的事，未必他人讨厌。当你发现自己的天赋，了解与他人的差异时，就会逐渐接受"自己不愿意做的事，可能别人喜欢"这个道理。意识到这一点后，借力他人的心理障碍自然会大大减少。

> **要点**
> 　　认为"不能让他人做自己不喜欢的事"是错误的。

借力法的要点 3：从"对不起，麻烦你了"转变为"感谢你帮忙"

"人在被借力时会感到开心。"这是那些难以借力他人的人容易忽视的一个真相。他们总是从自我视角看问题，认为向他人求助就是把自己做不到的事情强加给对方。因此，他们会说"对不起，麻烦你了"。相反，擅长借力他人的人能够从他人视角看待问题。自己提出了请求，别人可能就会主动帮忙，而且这是对方施展天赋的机会。借力的时候他们会说："这个能请你帮忙吗？哇，搞定了，太厉害了，感谢你帮忙！"

无法借力的人总是关注自己，而能借力的人则将注意力放在对方身上。因此，当你向他人求助时，不妨对对方的天赋表达感谢。不说"对不起，麻烦你了"，而是这样说："搞定了，你太厉害了！感谢你帮忙！"如此，帮助你的人也能意识到自己的天赋。

无法借力他人	能够借力他人
自身视角	他人视角
认为借力是自己图方便	认为借力是让对方开心
说"对不起，麻烦你了"	说"感谢你帮忙"

▶ 对他人表达感谢并让他们意识到自己的天赋的语句示例

- 你能搞定这个,真是太厉害了!太感谢了!
- 我自己完全搞不定,真心觉得你牛!
- 很少能找到帮上忙的人,真的很感谢你!
- 每次都是你帮我做××事,我真的很感激你。
- 你在做××事时好像特别开心,后面这种事还得请你帮忙!

人通常愿意待在能够感受到自己价值的地方。你越是借力他人,身边就越会聚集那些希望为你提供帮助的人。因此,通过发现并发挥天赋,不仅更能自我肯定、工作出成绩,还可以建立互相支持的人际关系网络。

要点

意识到"人被借力时会感到开心",会让自己更能借助他人之力。

不克服缺点,反而是对社会的贡献

总结一下,能够借力他人弥补缺点的思维方式:

1. 发挥优点时，可以更好地认同自身存在的价值，从而放心地让他人弥补自己的缺点
2. 自己不喜欢的事，有人乐意去做
3. 人被借力时会感到开心

基于以上这三点，我认为"留着自己的缺点，由他人弥补，就是一种对社会的贡献"。你可以抱着"我的不足正好是让他人发挥优点的机会"的心态向他人求助。你的缺点，正是让他人发挥优点的机会。

(借力法的案例)

- 不擅长工作任务管理
  ⇒ 借力擅长项目管理的人
- 害怕在公众面前讲话
  ⇒ 借力那些喜欢在公众面前讲话的人

(借力法的相关问题)

- 在你周围，谁是喜欢做这件事情的人？
- 如果这项工作借力他人，你可以用什么来回报？
- 和谁一起做这件事，会更有意思？

舍弃 99% 的无用功，集中于那 1%

我非常喜欢圣-埃克苏佩里的一句话："完美并不是无法再增加什么，而是无法再减少什么。"我将这句话理解为："舍弃自己做不到的 99% 的事情，把它们交给他人，专注于发挥自己天赋的那 1%。"你是否专注于发挥自己的天赋？有没有在他人可以做得更好、做得更开心的事情上浪费时间？

舍弃、借力，最终剩下的才是你该珍惜并培养的天赋。为此，不妨放弃其他事物。所以，"舍弃做不到的事，借力他人"并非逃避，而是你真正重视自己才做出的选择。

请尽快弥补你的缺点，发挥优点吧。

发挥天赋的五种技巧

发挥优点的技巧
①创意思考法…将工作变为事业的魔法
②环境迁移法…创造能发挥优点的环境的技巧

弥补缺点的技巧
①舍弃法…剔除所有不符合自身个性的事物,让自己更自由
②机制法…像闹钟一样自动弥补缺点
③借力法…轻松之余还能贡献社会,实现双赢

附录中还介绍了发挥天赋的 100 个问题,可供进一步参考。

不需要隐忍,但需要坚持

到目前为止,我已经介绍了如何发挥优点和弥补缺点。在这一章的最后,我想与大家分享一个非常重要的心态:**不需要隐忍,但需要坚持**。

为什么这种心态如此重要呢?一方面,"隐忍"是指去做自己不想做的事,勉强自己坚持下去。例如,

在暴露缺点的环境中努力，或者试图改变自己的天赋。这完全与发挥天赋的生活方式背道而驰。如果你现在感觉是在隐忍，那说明走错了路，需要调整自己的方向。另一方面，坚持是必要的。我介绍的这些发挥天赋的技巧，大多不会一开始就成功。特别是当你还没有完全将天赋转化为优点时，可能会感到一种强烈的孤独感。你会彻夜难眠，想着"这个世界上，我到底归属何处？"，我也曾经历过许多类似的不眠之夜。

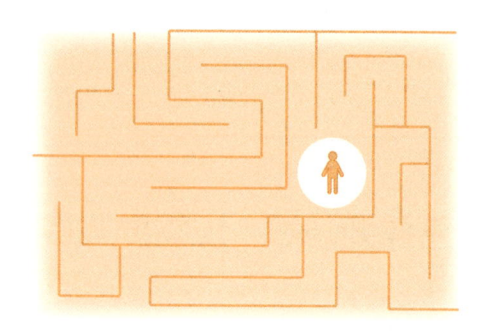

这其实是每个人都会经历的阶段。就我而言，在确定了自己的天赋是结构化表述后，进行了各种试错：

- 写博客传达信息
- 开设教练课程
- 建立社区
- 举办讲座

- 制作视频学习课程
- 撰写书籍
- 录制并上传视频

在这些尝试中，有的成功了，有的失败了。==特别是在尚未掌握发挥天赋的技巧时，要多加训练。==就像驾驭一艘船需要训练一样，学习如何在社会的风浪中稳步前行也需要经历磨炼。

很多人在行动后没有看到结果，很快就放弃了坚持。然而，我想说的是，只要你的行动符合本书所述的发挥天赋的技巧，结果就一定会逐渐显现。每一次的失败都是一次正向经验——让你知道什么方法无法让你发挥天赋。

通过不断积累这些经验，你会逐渐掌握发挥自己天赋的技巧。到了某个时刻，当你掌握了驾驭这艘船的技巧，就能御风而上，驶向成功的彼岸。

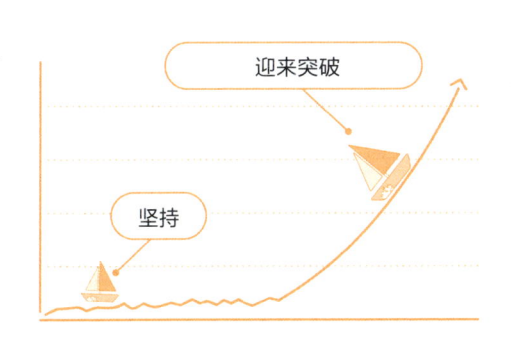

你一定能够发挥自己的天赋。

书中介绍过的那些成功的人,还有数不胜数没介绍过的人,都已经证明了这一点。这个世界上,有属于你的、独一无二的闪光点,有人在渴求你的天赋,你的天赋也希望被你充分发挥。

全力以赴,去追求发挥天赋的人生吧!

> **要点**
> 坚持,然后突破。

第 5 章
CHAPTER 5

培养天赋的方法

你只发挥了自己潜力的 10%

"发现了天赋,也知道了如何发挥天赋,太满足了!"

且慢!

你所拥有的"天赋潜力"可不仅仅是这些!有趣的才刚刚开始。当你通过适当的培养,将天赋变成"强项"时,它将创造出 10 倍甚至更多的成果,成就属于你的"完美状态"。

工作是"理所当然"和"感谢"的交换

你最近为什么事情花钱了?以我为例,我最近为搬家花了钱。因为搬运重物对我来说很困难,而有人愿意帮我完成这件"难事",我非常"感谢"。

在我看来,"金钱"是"感谢"另一种形式的呈现。日语中"感谢"一词的词源是"有难事"。"有难事"在古日语中意为"存在困难,极为罕见"。换言之,完成对他人来说"困难且罕见"的事,就能获得"感谢"和同等的金钱回报。

| 感谢 | = | 有难事 | = | 困难且罕见 |

你知道"有难事"的反义词是什么吗?是"理所当然"。也就是说,当你"理所当然"地解决他人眼中的"难事"时,这种差异就会变为你的收入。

> 工作 = "理所当然" 和 "感谢" 的交换

理所当然：你轻而易举就能完成的事

感谢：他人感激并愿意为之花钱的事

比如对我而言，整理信息是件轻松简单的事，读者也感谢"我的整理"，购买我写的书，这便成了我的收入来源。

所以，如果你想增加收入，只需找到自己"理所当然"的天赋，并运用它不断为他人做贡献即可。

如果理解了这一点，我们就能明白为什么有人会抱怨努力了却没有增收，因为他们的思路根本就是错误的。努力做那些对自己而言很困难的事，很难让人产生要"感谢"你的想法。

真相不是"努力了却没有增收"，而是"正因为努力，所以没有增收"。

> **要点**
> 真相不是"努力了却没有增收"，而是"正因为努力，所以没有增收"。

"金钱"和"天赋"的法则

上大学时,我总觉得赚钱非常困难。在便利店打工,这么辛苦每小时才赚 1000 日元;做电话销售,这么痛苦每小时才赚 1200 日元。但当我开始写博客,月收突破 100 万日元后,我顿时觉得赚钱真简单。从中,我发现了"金钱"和"天赋"的法则:"天赋越是被发挥,你得到的'感谢'和金钱就越多。"

在便利店打工让我感到辛苦,没有发挥天赋,也未创造明显的价值,因此时薪只有 1000 日元。写博客让我乐在其中,完全发挥了轻松整理信息的天赋,为众多人带来帮助,自然收获了感谢和丰厚的回报。类似地,你越是发挥自己的天赋,你的收入也会越多。

这种现象不仅适用于个人,也适用于公司。有研究表明,"重视员工强项的公司"能将利润率从 14% 提高到 29%。因为每个员工得以发挥天赋,整个公司能从客户那里获得更多的"感谢"。

正如甘地所说:"找到自我的最佳方式,是全身心地服务他人。"

我对此的理解是:发挥自己的天赋,就能为他人带来价值,让他们开心。反之,做自己不擅长的事情,就很难得到他人的感谢。因此,当你专注于那些他人会感谢的事情,就能发现自己的天赋。

换句话说,越是做那些他人会感谢你并给你带来丰厚回报的事情,你就越能不断地发现自己的天赋。此外,天赋得到不断地培养和锻炼,你就能成为独一无二的人,同时收入也会不断增长。

将天赋培养成强项的四大技巧

接下来,我们进入下一阶段——将你的天赋与"技能和知识"相结合,将其锻造成独一无二的强项。正如第二章中提到的"不要让皮卡丘去练飞叶快刀",培养与自己天赋相匹配的技能与知识尤为重要。

[天赋] × 技能和知识 = 强项

通过四种技巧学习

我为了将自己结构化表述的天赋培养成强项,学习了以下技能:

- **自我认知**
- **写书的方法**
- **博客写作技巧**
- **知识整理技巧**
- **视频表达技巧**
- **将知识转化为线上课程的方法**
- **使用思维导图来整理思考的内容**

这些技能帮助我将天赋转化为具体成果。通过学习这些技能,我可以把原创的知识内容以视频、文章、课程等形式呈现出来。这使得我成为一个不可替代的人,不仅赢得了他人的认可与感谢,还获得了与之对应的丰厚收入,同时,还最大限度地为社会做了贡献。

这时,你就会获得"我为此而生"的巨大满足感,并能确立自己的人生方向。

然而,盲目学习各种技能和知识只会让你陷入"样样都会点儿却不精通"的局面。那么,如何选择适合自己天赋的学习方向,将其培养成强项呢?答案是:使用四大技巧。

将天赋培养成强项的技巧①：找到榜样

向遇到的人逐个询问"我该学些什么？"没有意义。因为他人建议的内容往往是为了培养他们的天赋，并不一定适合你。

正确的做法是：找到与你拥有相似天赋并由此获得成功的人，把他们当作榜样，尽力地模仿他们，有机会一定要问问他们都学了哪些技能、掌握了哪些知识。

"嫉妒"是一种重要的感应器，依靠它找到你的榜样

"我该如何找到榜样来学习呢？"这是你接下来可能会想到的问题。答案很简单：<mark>"让你嫉妒的人"</mark>往往拥有与你相似的天赋，可以成为你的榜样。

为什么嫉妒能指引你找到榜样呢？因为嫉妒的感觉源于一种潜在的想法——他做了我也能做到的事，而且比我先做到；或者，我也许能做到，但暂时还达不到。对难以望其项背的人，你是不会嫉妒的。比如，看到信息整理得非常好的书时，我会心生嫉妒："这本

书超好。真是羡慕嫉妒恨……"因为我觉得自己只要再努把力,好像也能做到。

相反,==天赋不同的人所做之事,会让你"看起来就像魔法一样"==,因为其背后的原理和方法你完全不懂。对此,你可能只会拍手称赞"这太厉害了,简直像魔法",而不会嫉妒。

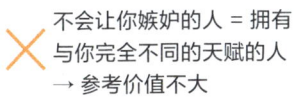

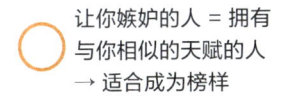

✗ 不会让你嫉妒的人 = 拥有与你完全不同的天赋的人 → 参考价值不大

○ 让你嫉妒的人 = 拥有与你相似的天赋的人 → 适合成为榜样

带领团队顺利推进项目,轻松获得共识,对我而言简直就是魔法。完全不知道别人怎么做到的,我尝试模仿过一次,结果很不顺利。

很多人向往这种魔法般的能力,把学会它设为目标。然而,正如之前所说,==一味地追求这种魔法般的能力,你会陷入自我否定的困境,==不仅无法成功,还会浪费宝贵的时间和精力。所以,请不要朝这样的方向前进。如果你找到了一位与自己天赋相近,并已将该天赋培养为强项的人，请务必深入了解并掌握他们学过的技能和知识。如是，你的天赋就会以惊人的速度成长，产出你无法想象的巨大成果。

> **找到某个强项的榜样人物的相关问题**

- 让你嫉妒的人，拥有哪种技能？
- 你觉得和自己相似的成功者，拥有哪种技能？

> **要点**
> - 与你的天赋迥异的人：他们做的事情看起来像魔法一样
>   → 不用作为参考
> - 与你的天赋相近的人：他们会让你感到嫉妒
>   → 作为榜样学习

将天赋培养成强项的技巧②：向他人寻求建议

前些日子，团队成员F先生向我咨询了一件事："今后我修炼哪些技能，会比较好呢？"由于我与F先生共事多年，很了解他的天赋，也知道哪些技能可以让他的天赋成为强项。于是我回答道："你非常擅长调动他人的情绪，因此建议学习团队建设相关的内容。"

在这种情况下，切记不要向只会指出你的缺点的人寻求建议。这些人通常会针对你的缺点提出建议，教你克服缺点所需的技能。你应该向能认同你的优点的人寻求建议，这样他们会告诉你如何进一步提升你的优点。你越是学习那些适合自己的技能，你的天赋就越能变成强项，闪闪发光。

选择建议提供者的方法

✗ 指出缺点的人　　○ 认同优点的人

"你需要克服这个问题！"

"你应该进一步提升这个地方！"

向他人寻求建议的相关问题

- 如果你是我，你会学习哪些技能？
- 你希望我学会什么？（针对回答内容，去掌握相应的技能）

> **要点**
> × 不要问只会指出你的缺点的人"我应该学习什么"。
> ○ 应该问能认同你的优点的人"我应该学习什么"。

将天赋培养成强项的技巧③：从四种技能分类中选择

尽管如此，还是有人会觉得"很难马上找到让自己嫉妒的人"或者"身边没有可以寻求建议的人"。对于这种情况，可以看下"四种天赋分类表"，根据天赋动词的种类，我已经将对应的技能和知识分为四类，供你参考。按照这个分类选择要学习的技能，不会出错。请务必好好利用这个表。

将天赋培养成强项的技巧④：
探索喜欢的事

以我为例,我将自己结构化表述的天赋与自我认知的相关知识结合起来学习。通过这种方式,我能够用文章或视频,将结构化的自我认知的知识传递出去,形成我的强项。虽有自夸之嫌,但我确信在这一强项上,本人地表最强。

我对赋予我天赋的父母、为我创造了施展天赋的环境的人以及帮助我培养天赋的人,充满感激。

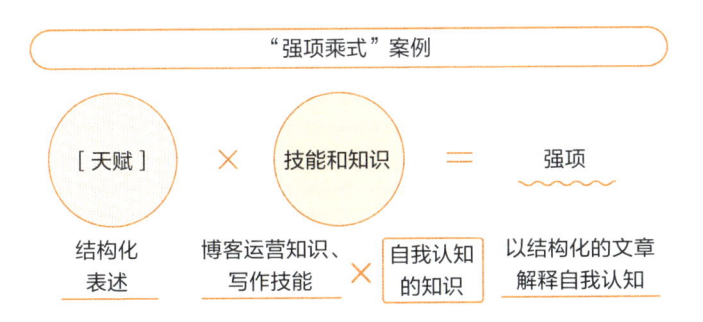

"强项乘式"案例

[天赋] × 技能和知识 = 强项

结构化表述 × 博客运营知识、写作技能 × 自我认知的知识 = 以结构化的文章解释自我认知

正因如此,我将这一强项视为自己在世间的职责,

<u>并决心以此为社会做出贡献。</u>希望阅读本书的你们,最终也能自信地说出"这个强项本人地表最强"。这一点对任何人来说都完全有可能实现。

喜欢的事,只要学下去,没人能追上你

请学习你喜欢的事。所谓喜欢的事,就是你感兴趣的事。

比如:

- 对汽车感兴趣
- 对医疗感兴趣
- 对教育感兴趣
- 对机器人感兴趣
- 对设计感兴趣
- 对家庭关系感兴趣

喜欢的事
=
你感兴趣的事

为什么学习喜欢的事很重要?

因为当你将"天赋"与"喜欢的事"结合起来时,它不仅会成为一个强项,还会产生爆发性的效果,这几乎就是最强的一种状态了。

天赋是"下意识会去做的事情",是<u>身体不由自主</u>

<mark>会去做的事情</mark>；喜欢的事是你感兴趣的事，同样<mark>无须努力就能全心投入</mark>。

这与赚钱或出名等外在驱动力无关，而是发自内心的强大能量。

小时候，你肯定因为沉迷于游戏而忘了时间，被父母骂过吧？

当你做的工作正好可以将你的天赋与你喜欢的事结合起来时，这种感觉就像玩游戏一样令人沉迷。

对他人来说可能必须努力才能完成的事情，对你而言，却像游戏一般轻松愉快，那你们之间的差距肯定会逐渐拉大。

如果能充分发挥自己的天赋（那些下意识就会去做的事情），就好比他人逆水行舟，而你顺流而下。而当你再加上"感兴趣的事"作为乘法因子时，不仅是顺流而下，更像是沿着水滑梯飞速前进，势不可当。

正因如此，当天赋与兴趣相结合，转化为"强项"时，就会形成其他人难以匹敌的强大优势。

擅长的事决定"职业",喜欢的事决定"行业"

对很多人而言,一旦发现自己的天赋和兴趣,选工作就非常简单了。

就像之前讲过的,天赋,通常以动词形式表现。如果发现了自己的天赋,那你就能决定哪个职业更容易把你的天赋作为强项发挥出来。喜欢的事,通常以名词形式表现。如果发现了喜欢的事情,那你就能确定哪个行业让你感兴趣。令人惊讶的是,这两者的结合能在一定程度上明确"职业"和"行业"这两个工作选择的重要方向。

擅长的事(天赋)	喜欢的事
下意识会去做的事情	感兴趣的事
决定职业	决定行业
用动词表述	用名词表述
例如:察言观色、思考风险、考虑他人感受、主动与人交谈……	例如:医疗、机器人、设计、环境、教育、汽车、家庭关系……

发现天赋,改变人生的销售员:E女士的故事

E女士拥有在公众面前侃侃而谈的天赋,但她当

时的工作是某制造商的 B 端销售（面向企业的销售员），根本无法施展这一天赋。

通过深入了解自己，E 女士认识到了自己的天赋，并发现自己对服装充满兴趣，于是她转向了直播卖衣服的工作。结果证明，凭借天赋与兴趣的完美结合，她迅速成为服装品类知名带货主播，不仅服装销量惊人，甚至还推出了个人设计的服装品牌。

E 女士的成功并非偶然，而是因为她将天赋与兴趣结合，并学习了相关的技能和知识，最终实现了质的飞跃。

E 女士的"强项乘式"案例

[天赋] × 技能和知识 = 强项

在公众面前侃侃而谈　　服装专业知识、直播销售技巧　　通过直播卖衣服

如果另一个人也喜欢服装，但他的天赋是根据眼前的客户特点推荐服装，那么他可能更适合一对一销售。

| 这个人的"强项乘式"案例 |

[天赋] × 技能和知识 = 强项

根据眼前的客户特点推荐服装　　服装专业知识　　一对一销售

"下意识会去做的事情"(天赋)和"感兴趣的事"(喜欢的事),只要专注于这两点,你就会成为一个不可替代的人,无论身处何地,都是被争抢的对象。你不仅能实现个人价值的最大化,还会在收到众多感谢的同时,实现收入的持续增长。做到这一点时,你将找到那个只有你匹配的社会空缺。

探索"喜欢的事"的相关问题

- 什么主题让你感到兴奋不已?
- 在你的人生中,你想感谢哪些工作?

要点

顺着身体不由自主会做的"擅长的事(天赋)",以及内心无法抗拒的"喜欢的事(兴趣)"做事,将创造出无人能及的强项。

> **培养天赋的四大技巧**
>
> **1** 找到榜样
>   → 利用嫉妒作为感应器,寻找可以模仿的榜样
>
> **2** 向他人寻求建议
>   → 向能认同你的优点的人询问该学习哪些技能
>
> **3** 从四种技能分类中选择
>   → 选择绝不会白学的学习方向
>
> **4** 探索喜欢的事
>   → 将天赋和喜欢的事结合起来,打造无人能及的强项
>
> 参考附录"发现天赋的100个问题"

发现自己的天赋后,也能发现他人的天赋

分享一个让我后悔不已的故事,发生在小学教室里。五年级时,我们班有一个非常内向的女生C,她特别害怕在大家面前表现。在一次日语课上,C被点

名朗读课文，但因为不擅长大声说话，她的声音始终很小。老师见状，当着全班同学的面大声训斥她："能大声点吗？"然而C还是没法大声朗读。老师于是更加严厉地训斥道："你完全能大声点，但你就是不努力！！"

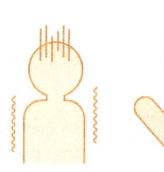

我坐在座位上，看着这一幕，内心充满了愤怒，双拳紧握。我当时真想站起来对老师大喊："不要践踏C的天赋！"如果C真的不擅长大声说话，没必要勉强她去做，让她失去自信。更好的办法是帮助她发现并发挥自己的天赋，这样她才能更自信，并在未来的社会中有所贡献。但遗憾的是，我当时一句话都没说。如今，我仍为自己默许了老师这种否定天赋的行为而感到后悔。

C无法大声说话，不是因为她不努力。同样地，如果你现在做得不好，也不是因为你不努力，只是因为你在做无法发挥天赋的事情而已。当事情不顺利时，正确的做法不是"更加努力"，而是"换种方式"。

通过阅读本书，你已经发现了自己的天赋，也应该能够发现他人的天赋。请你务必将发现的天赋直接告诉对方。我衷心地希望读过本书的你，能够让"发现并告知他人的天赋"这一行为传播开来。被你告知天赋的人，也会将他人的天赋告诉更多人。如此循环下去，世界上所有人都能够发现自己的天赋。如果每个人都发现了自己的天赋，那将是多么美好的世界啊！

> **要点**
> 你已经具备发现他人天赋的能力。

你的天赋将告诉你在这个世上的角色

"所有的天赋都有其不可替代的作用。"这是我坚信的道理。或许你觉得这么想过于理想化？不，这绝对不是天方夜谭，而是基于逻辑的推导。

我们是延续至今的人类的后代。在远古时代，活到成年都是一件非常稀有的事情。而我们奇迹般地继承了这些幸存者的基因。

这意味着,今天活在地球上的每一个人,都是熬过严酷的生存竞争,并携带生存必需基因的存在。正如本书中提到的,你的天赋大约有50%由遗传基因决定。

换句话说,无论你多么消极、多么敏感、多么容易厌倦,这些都是生存所需要的天赋。

你需要做的是理解自己的天赋,并学习如何使之发挥作用,而不是因为羡慕他人而自我否定。

==上天赋予你天赋的同时,也告诉了你在世间的角色。==当你发现天赋,将其作为优点发挥并进一步培养成强项时,总有一天,你会猛然意识到:"这就是我在这个世界上的角色!""我的归属就在这里!"这种领悟是清晰而直接的。

那一刻,脑海中仿佛发出清脆的"咔哒"声,同时,你的内心被一种强烈的感受包围:"啊,我活着就是为了做这件事。""这就是我能为他人贡献的东西。"我称这种时刻为"觉察天赋角色的瞬间"。

神奇的是,一旦你经历了这样的时刻,生活的迷茫便会烟消云散，取而代之的是涌现出的自信。你将清楚地知道自己应该走哪条路。

你再也不会回到从前的那种生活方式了。当然，每个人觉察天赋角色的时机不同。有人在读完本书后立刻就能感受到，也有人可能需要十年。但无论如何，大家需要做的事情是一样的：相信下意识会去做某件事的身体记忆，挖掘出自己的天赋，将其作为优点发挥出来，并培养成强项。就是这么简单。请全力以赴投入这件事情。因为他人无法代替，只有你才能做。

本书毫无保留地传授了实现这一目标所需的技巧。我向你保证，发现自己的天赋一定会帮助你自信地生活下去。

衷心希望本书能够成为你的指南，让你尽情发挥天赋，过上充实的每一天。

> **要点**
> 只要遵循"下意识会去做"的感受，一切都会顺利。

结 束 语

掌握强项之后，必然会面临的考验

"我已经到极限了……"一年前，我陷在堆积如山的工作中，身心俱疲。第一本书成了畅销书，卖了30万册，随之而来的是客户数量激增，我每天都被各项事务压得喘不过气来。

- 要管理好财务
- 要写下一本书
- 要拍视频
- 要回应客户
- 要招聘团队成员

这些必须完成的事项在脑海中转个不停。虽然公司的业绩在逐步提升，但我感受不到自己正在发挥天赋的充实感。就像一个人在各个方向上拼命向前，却似乎没有实质性的进展。

我逐渐被那个曾以为自己"想做的工作"压得喘不过气来,甚至无法展现"最擅长的天赋"。

我感到自己已经到了极限,于是决定向一位知名人士——被称为"世界上最有名的日本人"、整理术大师"近藤麻理惠"的丈夫兼策划人川原卓巳先生求助。

下面是我和卓巳先生的对话:

卓巳先生:"你现在做的这些工作中,哪一项最让你快乐,也就是说,哪一项最能让你发挥天赋?"

我:"大概是研究自我认知吧。不论是阅读还是写作……"

卓巳先生:"那就别做其他的事了。"

我:"这样可以吗?公司不会垮掉吗?"

卓巳先生:"放心吧。我也让麻理惠女士专注于她最擅长的事情,其余的都不用做。你看,舍弃其他事情之后,发展往往会再次大幅跃升。"

在这番对话的启发下,我开始逐步将手头繁杂的事情交给周围的人去负责。最终,我可以将自己80%以上的时间投入自我认知的研究,也因此能够为大家撰写这本书。更重要的是,公司的业绩也在持续增长。

现在来看，当时的我，试图成为大家所认为的"理想企业家"，试图让自己去做那些并不擅长的事情。结果反倒是我最重要的强项——自我认知的研究——被迫搁置，无法发挥价值。

这不仅仅是我的经历。如果你践行本书的方法，也会逐步依靠自己的强项来生活。但此后，你会面临源源不断的需求。这些需求，未必全是能够让你发挥天赋的工作。如果不加选择地接受，不知不觉，你就没时间培养强项了，甚至可能逐渐丢掉强项的价值，让它失去光芒。

不过说回来，阅读完本书的你也可以放心。因为你已经用语言明确了自己的天赋，这种深刻的理解是不会轻易丢掉的。所以，如果有一天，你感到精疲力竭，不妨重新翻开本书，并回想以下这个关键问题："最能让你发挥天赋的事情是什么？"

致 谢

这本书能够展现在大家眼前,离不开很多人的大力支持。虽然无法一一列出名字,但我想单独向那些给予我很大帮助的人表示由衷的感谢。

首先,感谢负责编辑的尾小山先生。在截稿期临近时,我突然提出想大改封面设计,还有我数次未能按时提交稿件……您始终与相关人员积极协调,全力以赴确保书稿最终得以完成。正因为有您的努力,才有了这本书的诞生。

其次,感谢一直陪伴在我身边的妻子匡美。在长达半年的写作过程中,你一直在默默地支持我,这才让我有能力写完这本书。真的很感谢你。

最后,我要特别感谢花费宝贵的时间读到这里的你,正因为有你这样的读者,我才有动力写下这些内容。希望你能通过本书，发现并发挥自己的天赋，过上属于自己的美好人生。

本书中展示了许多我和客户的故事，我也非常希望听到你的故事！请在社交媒体上分享你的实践成果，我非常期待看到你的反馈！

真心希望你能够找到适合发挥自己天赋的舞台。

附　录

APPENDIX

附录1 "发现→发挥→培养"天赋的可视化流程图

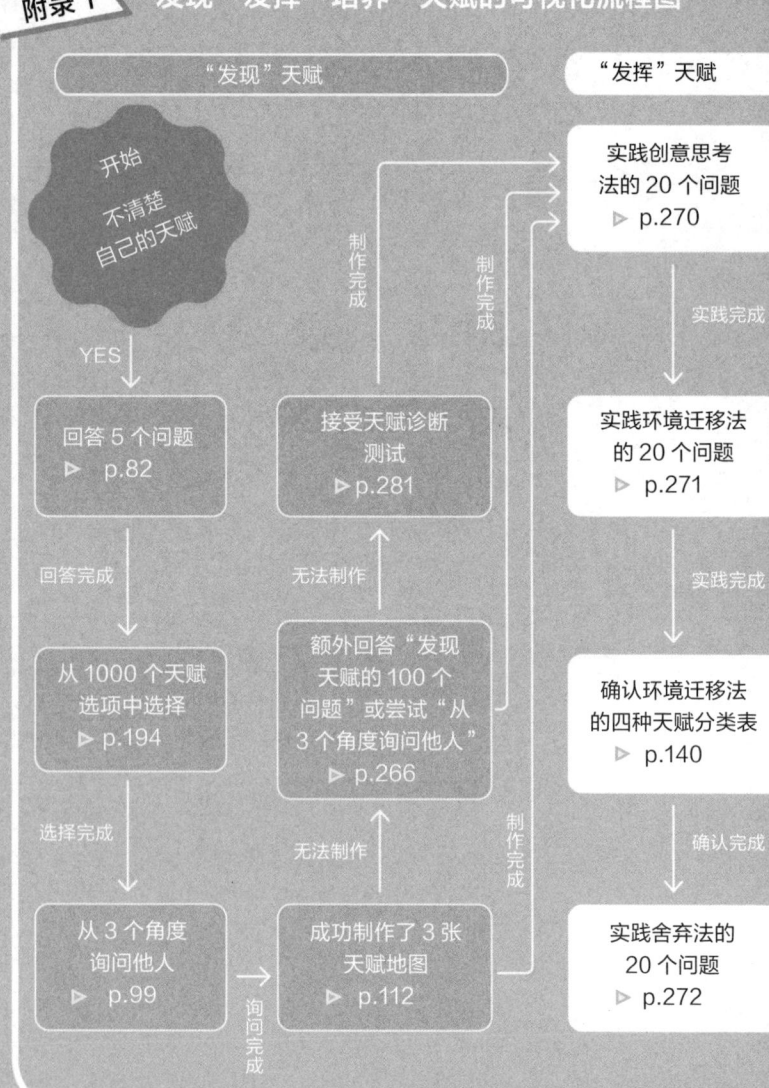

"发现"天赋

开始
不清楚自己的天赋

↓ YES

回答 5 个问题
▷ p.82

↓ 回答完成

从 1000 个天赋选项中选择
▷ p.194

↓ 选择完成

从 3 个角度询问他人
▷ p.99

→ 询问完成 →

成功制作了 3 张天赋地图
▷ p.112

额外回答"发现天赋的 100 个问题"或尝试"从 3 个角度询问他人"
▷ p.266

↑ 无法制作

接受天赋诊断测试
▷ p.281

↑ 无法制作

"发挥"天赋

实践创意思考法的 20 个问题
▷ p.270

↓ 实践完成

实践环境迁移法的 20 个问题
▷ p.271

↓ 实践完成

确认环境迁移法的四种天赋分类表
▷ p.140

↓ 确认完成

实践舍弃法的 20 个问题
▷ p.272

(制作完成 → 实践创意思考法的 20 个问题)

"培养"天赋

```
                          找到榜样 ──────→ 探索喜欢
                          ▷ p.170          的事
                    ↗        │             ▷ p.175
           优缺                │                │
           点点                │ 找到了          │ 尚未形成
           尚尚                ↓                ↓
   优缺    未未
   点点    发弥         向他人寻求         额外回答发挥
   尚尚    挥补         建议              天赋的 100 个问题
   未未    ，，         ▷ p.172           ▷ p.270
   发弥                  │
   挥补                  │ 建议
   ，，                  │ 已获得          选
                         ↓               择           强
 额外回答"发挥             确认环境迁移      需            项
 天赋的 100 个问题          法的四种天赋     要            已
 ▷ p.270                  分类表          学            形
       ↑                  ▷ p.140        习            成
  优缺                                    的
  点点                                    技
  得尚                                    能
  以未
  发弥
  挥补                                                 强项已形成
  ，，
 实践借力法
 的 20 个问题
 ▷ p.274
       ↑
       │ 实践完成
       │
 实践机制法
 的 20 个问题                    目标完成
 ▷ p.273                  恭喜你！请专注于发挥
                          独一无二的
                          强项，收获来自
                          更多人的感谢！
```

附录2 1000个天赋选项

	缺点	天赋	优点
1	关注人,胜于关注成果	关怀团队中有问题的人	能带领团队恢复正常状态
2	优先考虑被他人认可	展示自己的成果	能激励他人变得更积极
3	不专注于对话进展	举一反三,展开联想	能运用想象力拓展视野
4	过度关心他人而忽略自己	热情款待他人	能让他人感到放松
5	因关注细节而停滞不前	修正细微之处	能专注于细节,精益求精
6	将不切实际的方案纳入选项	在最糟糕的情况下也能设想前进的可能性	能制订积极的解决方案
7	不会拒绝他人的请求	为避免被讨厌而调整行为	能吸引他人的关注
8	夸大	提供让对方感兴趣的话题	能使对方保持专注且不感到厌烦
9	过于注重形式而忽略实质	必定回报他人的恩惠	能诚实守信,报答他人
10	不理解本质便不愿行动	回顾问题的本质	能回归目标的本质
11	不一定能将行动转化为成果	迅速采取行动	能改变当前的局面
12	过于拘泥于语言	指出语言中的错误	能提供高质量的表达
13	失去自己的节奏	配合对方的节奏	能根据对方调整自己的步调
14	思考问题非黑即白	明确地表达自己的立场	能避免模棱两可的回答

（续）

	缺点	天赋	优点
15	缺乏大胆行动	根据当下决策快速采取行动	能根据实际情况探索高效方法
16	过分考虑对方的想法	想象对方的感受	能站在对方的立场思考
17	忽视他人情绪	冷静分析原因并制定对策	能冷静面对情绪并找到解决方法
18	省略决策过程，导致无法取得他人理解	掌握目标达成的最短路径	能快速找到并提出最佳方案
19	拘泥于语言	使用巧妙的语言来表达	能撰写精练的文章
20	不按既定方式行动	采用自创的方法	能突破独特性的极限
21	对过去的理解肤浅	随心探索知识	能拥有不同领域的广泛知识
22	在不合适的环境中强求他人努力	相信对方无限的可能性	能坚定不移地支持他人，帮助其挖掘潜力
23	缺乏整体性	将事情分解开来进行思考	能掌握事物的构成要素
24	失败过多，导致团队感到疲惫	优先采取行动，而非因争论止步不前	能提升执行效率
25	为达成目标过于执着	把任何事情都做到极致	无论发生什么，都能坚持完成任务
26	多才多艺，却不专精	根据策略高效完成工作	擅长处理各种事务
27	精于算计	根据对方的表情和态度调整反应	能从非言语信息中把握对方的状态

（续）

	缺点	天赋	优点
28	话多，令人厌烦	针对对方的意见提出不同观点	能清晰地传达自己行动的理由
29	被误解为挑剔	指出并纠正错误	能修正关键问题
30	忽视非重要信息	从大量信息中抓住重要内容	能提取关键信息
31	限制行动的可选范围	认真对待每件事情	能坚守原则并采取行动
32	被认为是老好人	感谢每一件微小的事情	能保持谦逊
33	因优先整理环境而耽误重要事项	整理周围的环境	能创建专注于工作的环境
34	让失败更明显	在众人面前演讲	能在聚光灯下完成角色任务
35	应对变化的能力不足	灵活推进工作	能尝试不同的方法，不拘泥于旧的方式
36	缺乏具体性	把握事情的整体框架	能用全局视角看穿事物本质
37	只想着未来	明确自己想要的未来	能以愿景为动力
38	忽视对方意愿	为有需要的人找到合适的合作伙伴	能建立新的协作关系
39	试图一下子拉近与对方的关系，有时引起反感	轻松与对方交谈	能消除对方的戒备心
40	满足于花费时间和金钱，却不付诸实践	将金钱与时间投入学习	能专注于获取知识
41	同步推进所有事情，没有优先级	同时处理多个任务	能提升整体效率

（续）

	缺点	天赋	优点
42	神经过于敏感	注意到细微的错误	追求高质量的成果
43	偏袒亲近的人	将工作伙伴视为家人	能营造家庭般和睦的关系
44	逃避现实	发挥想象力，描绘更好的未来	能提振自己的情绪
45	不主动思考	毫不犹豫地询问他人	能快速获取必要的信息
46	反应冷淡，让人猜不透想法	专注地倾听对方的谈话	能真诚理解对方的想法
47	不顾周围人的情绪，擅自闯入圈子	迅速察觉被冷落的人并引导谈话	能减轻对方的被排斥感
48	被误解为没有成长	对久未见面的人态度始终如一	能建立稳定的关系
49	给伙伴增加负担	主动承担解决问题的领导角色	能与伙伴合作解决问题
50	因无所畏惧，行事莽撞	秉持挑战精神，积极开展行动	能将经验转化为宝贵的财富
51	固守语言，导致视野狭窄	能发现并修正语言错误	能清晰地传达更好的预期
52	批评不遵守规则的人且过于苛刻	具有强烈的正义感，认真处理事务	能按照规则正确执行任务
53	无法专注于单一任务	能处理多个不同领域的工作	能同时高效推进多个任务
54	避免失败的意识比较弱	善于从失败中学习	能将所有经验转化为学习机会
55	信息过载导致疲惫	善于注意到他人忽视的细节	能感知微小变化

1000 个天赋选项

（续）

	缺点	天赋	优点
56	给人一种不可信的印象	善于使用巧妙的表达技巧	能通过语言表达给人留下深刻印象
57	容易意识到所答非所问	细心回答他人的问题	能让他人对回答感到满意
58	牺牲自己	有奉献精神，积极支持他人	能不求回报地付出
59	不愿意激发他人的上进心	接纳他人所有的过往经历	能给他人带来深层的安慰
60	在构思上花费太多时间	善于精心设计，让信息更易于理解	能梳理信息并系统地解释
61	执着于与众不同	提出全新的方案	能打破僵局并推动改变
62	过于谨慎，难以放松	善于迅速发现问题	能及早着手解决问题，避免事态恶化
63	过度担忧，导致无法休息	善于用各种方法识别风险	能预防问题的发生
64	花费过多时间解决问题	善于彻底解决问题	能勇敢面对问题，积极解决
65	自暴自弃	相信命运不可改变	无论发生什么，都可以坦然面对
66	假装看不见负面问题	善于以积极态度看待事物	能发现事物的积极面
67	被认为无所事事	善于预留出时间	能应对突发事件
68	低估风险	善于挑战前所未有的事情	追求独一无二
69	只与优秀的人合作	善于吸引优秀的伙伴	能打造卓越团队
70	只为传授知识而学习	无私地将学到的知识传递给他人	能无私地回馈周围的人以知识

（续）

	缺点	天赋	优点
71	不关注普通人可以胜任的工作	善于创造自己的工作	能开创前所未有的职业
72	偏离方针后难以修正	善于明确传递长期方向	能稳定地执行计划
73	容易迷失原本的目标	为获得认可而努力	能将想要获取他人认同的欲望转化为动力
74	会因为没有变化而感到厌倦	不断推动变化	能享受变化并从中受益
75	不顾他人而行动	基于自己的想法采取行动	能主动、独立地行动
76	自我表露过于谨慎	善于倾听他人	能引导他人表达，拉近关系
77	说出不必要的内容	乐于分享自己的内心世界	能进一步拉近与他人的距离
78	不重视过去的学习经验	善于获取新信息	能增加知识和见识
79	错失眼前的机会	深思熟虑后果断行动	行动时具有信念
80	过度在意他人情绪，导致疲惫	善于捕捉团队情感	能调和团队气氛
81	说话方式过于直接，给人带来压迫感	善于明确表达自己不理解哪部分内容	能提供清晰、明确的答案
82	缺乏深耕某一领域的专注	善于在各个领域保持均衡发展	能保持一定的质量水平，取得全方位成果
83	缺乏客观视角	善于发掘积极的信息	能给他人带来希望和动力

1000个天赋选项

（续）

	缺点	天赋	优点
84	难以自主激发动力	善于从他人的成长中汲取动力	能利用他人的进步激励自己，加速行动
85	反思过多，不能享受当下	善于每日回顾和调整自己的行为	能通过反思提升次日行动质量
86	好胜心太强	善于设计赢得胜利的巧妙策略	能以游戏心态面对挑战，享受过程
87	为了不同而不同	善于展现独特个性	能差异化地展示自己，与他人区分开
88	情绪受他人称赞与否的影响过大	善于用行动赢得他人的感谢	能为他人付出精力并产生积极影响
89	制订不切实际的计划	为了拿到成果废寝忘食	能以饥渴的精神不断努力
90	缺乏科学依据	善于用个人经验和逻辑提供建议	能提供让他人信服的解决方案
91	对个人事务显得冷漠	善于从宏观视角观察事务	能冷静分析问题并找到解决方案
92	在混乱的环境中表现不佳	善于理清计划并明确任务	能迅速制订清晰的计划
93	有时会给人施加压力	用言语激励并鼓舞他人	善于通过言辞为他人带来力量
94	面对复杂问题时显得冷淡	善于在讨论中梳理问题并思考解决路径	能提出解决复杂问题的清晰计划
95	多管闲事	能实事求是地与亲密的人沟通	能通过真诚交流加深关系
96	明明想法变了，却为了一致性，不改变自己的行为	注重言行一致	能保持言行一致，赢得他人的信赖

（续）

	缺点	天赋	优点
97	过度看重任务数量而非质量	善于通过清单管理高效完成任务	能完成大量工作
98	情绪波动大，容易让周围的人感到不安	善于捕捉他人情绪并与其产生共鸣	能细腻地与他人共情
99	无法与团队协作	善于独立行动	即使独自一人也能完成任务
100	浪费时间收集可能无用的信息	善于为需要帮助的人收集并筛选有用的信息	能提供精准、可靠的信息来支持伙伴
101	容易被他人左右	接受每个人的个性，和他人友好相处	能包容任何类型的人
102	一直在犹豫该选择哪个方案	考虑多个应对策略	不盲目行动，稳步前进
103	让周围的人感到焦虑	提前完成工作	能以比预定计划更快的速度完成任务
104	被保守的人拒绝	给出前所未有的提案	能提出创新计划
105	不专心于对话本身	读懂他人言外之意	能借鉴他人的思想
106	给人感觉很麻烦	给对方思考的机会	能提升对方的思考能力
107	不考虑其他可能性	快速做出决策	能迅速得出答案
108	在确定准确的事物上花费太多时间	考虑所有可能性	能从多角度看待事物
109	不考虑他人的意图	呼吁大家一起合作	能创造一个大家相互合作的环境

（续）

	缺点	天赋	优点
110	过于重视均衡	意识到整体平衡并推进	能将事物标准化
111	如果没有规则，就会感到混乱	遵守工作的规则	能严格按照规则完成工作
112	无法正视自己的弱点	在擅长的事情上磨炼技能	能提高自己的专业能力
113	放松警惕时语气容易生硬	对他人的话题保有兴趣，可以做到倾听与反复询问	能激活与他人的对话，加深彼此的关系
114	固守自己独有的方式	用独有的方式进行创造	能通过独有的方式取得显著成果
115	不考虑应对失败时的策略	大胆采取行动	能给周围人带来新的刺激
116	缺乏稳定性	挑战新事物	能拓宽视野
117	无法容忍模糊的答案	得出准确的答案	能得出准确性高的结论
118	别人不询问，便无法产生新的想法	在他人的询问下产生新的创意	能受别人的询问启发，提出新的创意
119	过度观察他人，以至于让人生疑	观察他人	能获取新的洞察
120	应对方式单一，没有例外	对所有人一视同仁	能不加区别地与人交往
121	过度努力，超越自身的极限	努力追求成为第一	能勇往直前
122	根据优劣区分人	争取成为第一名	能为了胜利而努力
123	每次帮助他人时情感投入都过多，感到疲惫	在感情上给予支持，成为好的咨询对象	能赢得周围人的信任

（续）

	缺点	天赋	优点
124	回避与不珍惜缘分的人交往	将每次相遇视为必然	能珍惜每一段缘分
125	让对方感受到心理距离	公平地对待每个人	能平等地对待任何人
126	根据表现是否优异来判断人	与人竞争	能证明自己的优势
127	行为过于形式化，令人感到压抑	对他人保持礼貌	能以礼待人
128	无法理解幽默	分析每一段对话	能保持冷静，不被情感左右
129	让周围的人感到混乱	不拘泥于规则，自由思考	能灵活地思考
130	不关注周围，陷入孤立	深入思考问题	能得出有深度的答案
131	将他人放在自己之前	避免团队内部发生冲突	能促进团队顺利合作
132	过度监视他人	定期跟进对方的进度	能管理团队的整体进度
133	忽视最终的结果和目标	一味地遵循步骤	能严格遵守规定
134	对他人抱有过高的期待	不吝啬地告诉他人其职业天赋	能增大对方的可能性并推动其前进
135	对不喜欢的人持续忍耐	珍视每一段缘分	能维持人际关系
136	对不可预测的事务缺乏应对策略	事先了解不懂的事情	能做好充分的心理准备
137	过度追求协同效应，反而增加了自己的负担	以未来成果为预期进行创作	能提供翔实的成果

(续)

	缺点	天赋	优点
138	在完全了解之前不采取行动	力求把握事物的全貌	能带着认同感行动
139	不知道自己在说什么	一边思考接下来要说什么,一边讲话	能顺畅地转接到下一个话题
140	不了解过去的背景,就不行动	了解事情的来龙去脉	能从事情的背景中获得洞见
141	在筛选信息上花费过多时间	从收集到的信息中提取可信的内容	能高效地整理准确的信息
142	不愿向前看	回顾过去的事件并反思	能通过回顾加深理解
143	轻易发起竞争,即使对方不愿意	以游戏的心态推动事务	能提高面对胜利的姿态
144	过于直率,容易引发冲突	直率地传达意见	能真实地表达自己的感受
145	无法看到具体的对策	构建创意并说明目标	能提出独到的创意
146	只与特定的人交往	与能共同提升的人建立联系,共同朝着目标前进	能与最好的伙伴一起完成工作
147	在遇到不如意的事情时难以恢复	进行长期人生规划	能对人生进行预测并做好准备
148	说话啰唆	先解释概念,再具体说明	能把抽象的概念转化为具体的表达
149	即使不再需要继续,也会坚持下去	养成习惯	能制定持续行动的机制
150	不认真对待眼前的优先事项	看到周围的人在学习时,自己也开始学习	能受周围影响,学习新知识

（续）

	缺点	天赋	优点
151	自己也会产生负面情绪	能体察悲伤的人的心情	能与对方的悲伤产生共鸣
152	失败时觉得之前的努力全都没有意义	会为长远目标制定取胜的策略	会从长远的视角出发，制定取胜的策略
153	缺乏新鲜感	会把物品放在固定位置	能整理周围环境，保持舒适感
154	不善于利用过去的教训	会从未来倒推自己现在的行动	能高效地按照未来设想来行动
155	不满足于一般水平	会追求高于平均水平的表现	会设定更高的目标并朝此努力
156	心理负担较重	能耐心面对困难	能控制负面情绪
157	只会自责而不寻求具体对策	会每天反思自己的问题	能在第二天就改进
158	只追求结果	能持续努力，直到达成目标	会在目标达成之前坚持不懈
159	不会根据他人的个性做出调整	会对每个人采取相同的态度	不会轻易受他人影响，始终坚持自己的立场
160	只做有生产力的事	会把无用的时间转化为达成目标的动力	会通过提高时间效率来达成目标
161	不关注个人优势的提升	会过多地关注自己的缺点	会着重改正缺点，不断自我提升
162	非要关心那些想独处的人	能察觉他人孤独的感受	能缓解他人的孤独感
163	只关注他人而忽略自己的问题	会认真倾听并给他人出主意	会协助他人解决问题

1000 个天赋选项

（续）

	缺点	天赋	优点
164	不懂得优先排序	先行动起来	会专注于当下，灵活应对
165	缺乏效率	不做时间表，按心情行事	会认真对待当下的心情
166	不一定能高效产出结果	尝试用不同的方法取得成果	会不断尝试，直到成功
167	会给别人强加自己的价值观	坚持自己的价值观	会坚持自己的信念并不断前进
168	有时显得自我中心	集中精力实现自己的梦想	会创造有利的环境来实现自己的希望
169	文件太多，占用空间	对收集到的知识进行归档整理	会搭建能快速查找信息的系统
170	自信程度较低	不断批评自己	会逐步引导自己走向更好的状态
171	会把一切问题都归咎于自己	分析自己的问题的根源	会明确找出自己的问题的根本原因
172	与人交往止于表面	寻找共同话题，增进交流	能迅速与他人建立关系
173	思考不够深入，浅尝辄止	勇敢尝试新事物	能从经验中获得更多成长
174	会一直纠结于无关紧要的事情	深入思考并最终得出结论	会培养缜密的思维能力
175	在意他人评价	避免成为焦点	会自在地行动，不在意他人评价
176	过于强调平等，反而耽误进度	平等地对待团队成员	会考虑团队整体，并做出适当调整
177	过于依赖数据	通过数据来理解成果	会把成果呈现出来，做到一目了然

（续）

	缺点	天赋	优点
178	协调一致需要较长时间	为大家创造一个容易交流的环境	能尊重每个人的想法
179	让讨论变得复杂	提出多角度的观点	会加深他人的思考
180	对没有进展的事情没有耐心	高效推进工作	会调整策略，通过不断实践取得成果
181	没有足够的练习时间	立即进行实战演练	会通过实战而非练习提升自己
182	过多地收集信息，来揭开问题的真相	解决前所未有的问题	会创造出罕见的解决方案
183	低估他人的困难	坚信自己能够克服任何困难	会勇敢面对逆境
184	对职责范围外的事不感兴趣	专注自己的职责	会集中精力处理自己责任范围内的事
185	极力避免争斗和对立	理解并采取一贯的态度行事	会接纳一切事物并包容他人
186	对他人要求完美	提供给他人实现完美计划的方法	会帮助他人达成目标
187	认为可能有更好的办法	每天坚持固定行动	会不断磨炼自己的技能
188	容易忽视自己过度疲劳的状态	全身心地投入一项任务	会完成一件事情
189	对无关紧要的问题紧追不放	直面问题	会突破当前的困境
190	不容易相信他人	识破他人的谎言	会看穿事实真相
191	过度检查信息	仔细核对每件事	会最大限度地减少错误

1000 个天赋选项

(续)

	缺点	天赋	优点
192	理解能力弱,跟不上语速	用合适的语速来表达	会进行引人入胜的对话
193	会因过度追责而自责	从他人的问题中反思	会避免将问题归咎于他人,寻求改善
194	给他人施加压力	请求他人直率地表达	会提升讨论的质量
195	过于关注时间表而压力过大	考虑进度,合理安排时间	会通过计划有序完成任务
196	不参与实践	主动参加讲座和研讨会	会系统地学习知识
197	做决策时缺乏依据	根据直觉做决定	会灵活应变
198	不仔细检查信息的可靠性	精准找到所需信息	会高效地学习并获得新知识
199	不自觉地做无意义的事	行动并赋予每件事意义	能达到一定效果
200	对待生活不够认真	将问题归结为命运	会平和地面对各种生活挑战
201	遭遇不必要的失败	开始学习新事物	能从经验中学习新知识
202	从无谓的事情中学不到东西	行动注重效率	不做无谓的行动
203	无节制地收集信息,导致浪费	逐个收集自己感兴趣的信息	能提供丰富的信息
204	以计算为出发点来行动	设计出能见到成果的方法	能将行动转化为业绩
205	需要很长时间才能获得选定的东西	根据对方的兴趣爱好来选择	会充分了解对方并取悦他

（续）

	缺点	天赋	优点
206	表达不够确定	向对方解释全局	将具体的事件抽象化并传达
207	过度帮助，以致筋疲力尽	全心全意支持他人	能无条件地与对方站在一起，尽最大努力
208	无法记住人的面孔和名字	参与多个社区	能拓宽人脉
209	想要挑战自己能力范围之外的事物	无限拓展未来的可能性	不以当下的自我为限制，能描绘出宏大的理想
210	只关注方法论	思考是否有更好的方法	会注意到新的可能性
211	不保持秩序	超越常识的框架来行动	能灵活应对，而不固守现有的方法
212	团队人数过多，难以管理	设计大家都能享受的活动	能提供与不同人接触的机会
213	只以完成任务为目的	做完已经开始的事情	能有始有终
214	不让对方表达自己的想法	告知对方需要好好地遵守规则	确保组织的事项能安全地推进
215	没有从根本上解决问题	着眼于优点进行提升	能弥补弱点
216	无法拒绝他人的请求	负责任地行动	能获得他人的信任
217	组成只注重实际利益的团队	传授胜利的方法给团队	能以领导力引导团队朝着胜利目标前进
218	进度落后于标准	对每个环节都投入心力	能一丝不苟地处理每个环节

1000 个天赋选项

（续）

	缺点	天赋	优点
219	成为他人的负担	坦率地表达自己对对方的关心	能建立深厚的人际关系
220	即使不情愿，也不得不继续	一段时间内重复规定的行动	能按部就班地行动
221	思考杂乱无章，陷入混乱	提出多个解决方案	能从多个路径探讨解决方案
222	讲话不具条理	想到哪里说到哪里	能一边讲话一边理顺思路
223	对他人指令产生反感	掌握主动权，清晰地给出指示	能提供准确的指示
224	恬不知耻	轻松地谈论个人话题	能支持对方自然地展示自我
225	无法找到实现的方法	相信自己未来充满光明	能对未来充满信心
226	忽视与目标无关的事项	领导目标的实现	能使团队顺利完成目标
227	可疑，容易被他人提防	重视看不见的事物，如能量、时间和空间	会综合考虑一切因素
228	过度美化事实	讲述令人印象深刻的故事	能吸引对方的注意
229	会招惹麻烦缠身的人	解决他人面临的众多问题	能引导人们走向没有问题的状态
230	思考过多	将事物按类别整理清晰	能准确把握事物的构成
231	忽视自己	均衡地激励团队中的每个人	能支撑整个团队
232	给对方留下可乘之机	接受对方	能爱对方、关心对方

（续）

	缺点	天赋	优点
233	突发奇想，令周围人感到困惑	提出他人未曾想到的创意	能提供新颖的提案
234	固守个人的坚持	拥有强大的自信	能拥有不动摇的自豪感
235	精神上逼迫自己	故意挑战困境	能为了实现崇高目标而磨砺自己
236	发表自我中心、轻率的言论	全力以赴地鼓励他人变得积极	能真诚地为他人加油
237	轻视与事物相关的人的感情	从数据出发，理性思考	能以逻辑思维解决问题
238	忘记休息	饥渴地学习知识	能积累知识
239	不关注失败的因素	分析胜利的原因	能掌握制胜的模式
240	过度解读	思考他人言辞的意图	能理解对方的真正意图
241	重视正确性而非结果	使事物合情合理	能以伦理和道德为准则行动
242	认为不合适就完全不与人交流	觉得兴趣相投就积极沟通	能凭直觉找到志同道合的人
243	传递不必要的知识	与他人分享所学的知识	能帮助他人拓展见识
244	无法进入正题	通过热场活动让对话更愉快	能缓解紧张气氛
245	强行将一切事物进行关联	认为一切经验都有价值	能从更高的视角接受一切
246	不愿处理不愉快的事情	优先考虑乐趣，采取行动	能追求舒适感
247	没有为突发状况做准备	放开一切，展望光明的未来	能拓展思维的边界，考虑更多的可能性

1000 个天赋选项

（续）

	缺点	天赋	优点
248	被微不足道的事情伤害	对他人的言行敏感	能揣摩到对方的真实意图
249	花时间让每个人都感到满意	收集大家的意见并总结	能综合大家的意见，提炼其中有价值的部分
250	用定量结果评判人的优劣	通过定量指标掌握结果	能根据定量结果提升生产力
251	向不需要帮助的人伸出援手	能迅速发现需要帮助的人	能观察周围的人并尽早提供帮助
252	总是回顾过去	理解事物形成的动机和意图	能理解计划的初衷
253	不愿克服自己的弱点	发掘自己擅长的事	能集中精力在擅长的事情上
254	对现状过于满足，无法成长	对生活心怀感激	能保持态度谦逊并发现生活的意义
255	制订粗糙的计划	临近截止日期时匆忙赶工	能在短时间内集中精力完成任务
256	不留余地	基于长期规划安排每日任务并执行	能为未来理想制订计划并付诸行动
257	花费太多时间	追求完美	能逐步接近完美
258	没有意识到自己脱离群体	沉浸于独立思考	能集中精力进行深度思考
259	难以拒绝他人的请求	轻松应对他人的请求	能完成他人交给自己的任务
260	总想超过对方	识别对方的优势	能吸收他人优势并持续提升自己
261	擅自进入对方的私人空间	在与工作无关的方面，也会支持他人成长	能支持他人在生活中的全面成长

（续）

	缺点	天赋	优点
262	前后言辞不一致	在不同情况下表达完全不同的想法	能灵活应对不同的情境
263	缺乏忍耐力	快速满足行动需求	能高效推进事务
264	不懂装懂	与人进行知识性对话	能广泛运用知识，并加深学习
265	难以行动	提前预见风险	能顺利推进工作
266	无法做出理性判断	做决策时考虑情感因素	能重视并照顾他人的情感
267	沟通后，提供与主题毫不相关的建议	在他人困境中发现闪光点	能激励他人保持积极心态
268	即便遇到意外也不调整方向	一旦决定，就全力以赴，直到达成目标	能忠实履行自己的承诺
269	由于能力差异，责任分配不均	平等分配团队任务	能分散团队负担
270	过于热情，反而被人疏远	竭力支持犹豫不决的人	能激励他人
271	试图控制他人	不畏对立，坚决表达意见	能按自己的意图驱动他人
272	一旦无法预见未来，就会感到焦虑	提前规划并做好准备	能从长远视角把握和应对事情
273	不信任他人	坚信自己的做法是对的	能坚守信念行动
274	过于直白	坦率地与他人沟通	能深度地与他人互相理解
275	只依据过去的经验做判断	从过往中不断学习	能提高可复现性

213

1000 个天赋选项

（续）

	缺点	天赋	优点
276	经常悔恨	勇于挑战任何事物	能不断拓展新可能
277	在理解构成时花费过多时间	深入思考事物的构成要素	会把事情梳理得简单易懂，便于理解
278	忽视他人的意见	认真听取他人观点	能理性、务实地推进事务
279	不认真对待生活	不拘泥于具体事情	能从长远视角思考问题
280	强行将他人的想法套入自己的思考框架，来做决策	通过观察他人的言行举止来理解其真实想法	能凭直觉洞察他人内心
281	实现目标更慢	降低标准，先行动	先从能做到的事做起，确保推进
282	过于个性化的定制服务，造成时间不足	观察并提供每个人需要的服务	能进行细致的个性化服务
283	想要改变自己的性格，徒劳一场	努力改进自己的缺点	能追求自我成长
284	没顾及不喜欢社交者的感受	使被排挤的人也能融入团队	能高效增加团队成员
285	真正困难的时候无法认知到困难	积极讲述克服困难的经历	能带给他人希望
286	希望他人也能理解自己的感受，容易受挫	理解并接受他人的负面情绪	能与他人建立情感联结
287	对批评比较敏感	能多次接受负面反馈	能根据反馈改进
288	不休息，直到完成任务	专注于达成目标	能舍弃不必要的事务

（续）

	缺点	天赋	优点
289	幼稚	敏锐地察觉周围的紧张气氛	能平稳情绪
290	不能立即给出反馈	反思事物	能从过去的事件中汲取新知
291	强行保持积极心态	接受事情的消极面	能全盘接受，不论好坏
292	搞不定不合拍者，与其保持距离	避免意见分歧	能维护良好的氛围
293	工作狂	注重生产力，优化效率	能高效利用时间
294	没有标准便无法行动	寻找清晰明确的标准	能强调目标的明确性
295	容易空想	带着目的来做事	能清晰地意识到想要达成的目标
296	忽视他人的理解力，使用艰涩的语言	用多种词语表达	能最大限度地发挥词汇量的优势
297	准备不足，导致失败	挑战前所未有的事物	能提高自我效能感
298	仅凭正义感行事	坚信自己认为正确的事并付诸行动	能朝着正确方向努力
299	严格按规矩管理	确保事务正确推进	能帮助事情顺利推进
300	省略太多	简明扼要地传达	能清晰地表达要点
301	担心未来的失败	将他人的失败视为自己的事情	能体察他人的感受
302	随意把他人拉入行动	想到的点子立刻付诸行动	能迅速采取行动

（续）

	缺点	天赋	优点
303	不考虑实现目标的路径	绝对相信自己能做到	能相信自己的能力
304	放任需要改进的事项	认为不完美的状态就是完美	能客观看待事物，不带偏见
305	即使是开心的事情，也无法开怀	给发生的事情赋予意义	能不因事情的起伏而产生情绪波动
306	不听取每个人的意见	使项目进展顺利	能创建充满活力、和顺的氛围
307	过度信任数据	根据数据制订解决方案	能进行定量分析
308	缺乏正义感	理解差异并与他人沟通	能不将自己的"理所当然"强加给他人
309	会给对方施加压力	清晰地传达重要任务	能把握事物的要点并推进
310	对任何人都能做的工作不感兴趣	注重专业性	能提供高质量的成果
311	容易杞人忧天	预测即将发生的问题	能防范问题的发生
312	排斥圈外人	有意识地增加可信赖的伙伴	能与伙伴建立牢固的关系
313	事情来龙去脉梳理完成前，不会行动	对多个事实进行对比后得出结论	能合理地解释事情的发展过程
314	与他人关系敌对	比较自己与他人并找到同级别的人	能凭直觉找到对手，并与之共同进步
315	太过严苛，缺乏灵活性	按规则前进	能坚持不懈
316	强迫他人接受自己的愿景	分享理想的未来	能激励周围的人

(续)

	缺点	天赋	优点
317	想把一切都归于某个模型	寻找共同点	能找到事物的规律
318	草率地鼓励他人	在没有依据的情况下鼓励他人	能鼓励他人，给予信心
319	让没有成功经验的人产生自卑感	不吝啬地分享经验并与他人合作	能通过分享自己的成功经验来带动他人
320	不懂得借力他人	独自完成任务	能采取独立行动
321	成为他人倾诉抱怨的对象	提前跟可能有抱怨的人打招呼	能事先避免纷争
322	花过多时间收集信息	收集各种信息	能自我提升
323	急于在短时间内解决问题	做出紧急应对	能在短时间内找到更好的解决方案
324	将工作置于私人生活之上	遵守截止日期	能确保不出现紧急工作，顺利推进
325	被认为无法控制情绪	很容易感动	能享受丰富的人生
326	没有先例，风险大	将各种点子结合，提出新计划	能创建他人没有的项目
327	缺乏平等的视角	将缺点转化为优点并传达	能以灵活的视角激发他人
328	对偏离规则的言论和行为过于严格	遵守规则	能推动事物朝同一方向发展
329	强迫自己接受	认为一切都是命运	能赋予事件某种意义
330	对低优先级的任务缺乏兴趣	集中精力处理高优先级任务	能高效地推进工作
331	只是为了遵守承诺（把遵守承诺本身当成了目的）	遵守承诺	能诚实守信

1000 个天赋选项

（续）

	缺点	天赋	优点
332	错误地认为对方会明白自己的意思	说出对方的心里话	能体察对方的情感并表达出来
333	在琐事上浪费时间	关注细节	能留意他人忽视的地方
334	拘泥于规则	制作手册	能将规则可视化
335	提出他人难以理解的创意	将事物结合，提出创意	能提炼出创新的点子
336	易被依赖	能理解他人未曾言明的心思	能让他人产生信任感
337	目标不明确，就没有动力	实现目标	能一往无前地朝着目标迈进
338	用规则束缚他人	提出制定规则的建议	能引导组织朝着有序的方向前进
339	不关注竞争	专注于享受快乐的时光	能通过巧妙安排，度过高质量的时光
340	不接受他人推荐的不同恢复方法	知道自我修复的方式	能在遇到困难时迅速恢复
341	强迫自己以积极的态度思考	将失败视为学习的机会	能将一切转化为学习经验
342	仅满足于学习本身	积极融入能学到新知识的环境	能不断增加新的知识
343	不分青红皂白地拉人进团队，扰乱团队合作	将每个人视为伙伴，将其带入圈子	能不分彼此地与他人建立联系
344	忽视自己的感受	看到克服困境的意义	能克服困难
345	被卷入麻烦	协调解决麻烦	能找到共识，推动事情前进

(续)

	缺点	天赋	优点
346	不会充分传达缺点	向他人传达通往更好未来的方法	即使面对不确定的未来,也能有稳定感
347	增加组织成员的负担	制订积极的组织重建计划	使停滞的组织状况重新充满活力
348	行动变慢	与自己深刻对话	能从根本上解决问题
349	只记住比喻	使用令人印象深刻的比喻	能讲述让对方印象深刻的故事
350	不断与压力做斗争	达成设定的目标	言行一致,获得周围人的信任
351	不必要地干预他人问题	能通过发言察觉他人的不安	能洞察他人感情并给予适当建议
352	轻易做出判断	擅长观察他人	能深化对他人的理解
353	忽视被指出的问题	在可以发挥优势的领域不断精进自己的知识和技能	能持续拓展卓越的技能
354	不愿面对负面情绪	积极思考并采取行动	生活充满活力
355	不愿冒险	注重团队协作	能引导团队走向和谐
356	缺乏原创能力	努力做到事事均衡	能坚持面对所有问题
357	容易喜新厌旧	了解前沿事物	能获取新鲜的信息
358	如果他人不能理解,气氛会尴尬	表达得当,他人容易理解	能通过比喻使他人更易理解
359	被认为回答敷衍	对问题迅速做出回应	能迅速解答他人的疑问

1000 个天赋选项

（续）

	缺点	天赋	优点
360	没有成就感时激发动力会很困难	不论大小，继续不断追求成就	能将成就作为下一步行动的动力
361	变得不具生产力	不断思考之前无法解答的问题	能获取哲学视角
362	没有战略方法	提出尚未成形的创意	能提出新颖的创意
363	过度规避风险	深思熟虑	能做出不后悔的选择
364	做超出自己能力的事	始终认为自己对他人很重要	能舍己为人
365	擅自做出判断	只通过概述就能确保行动	不需要详细解释就能执行
366	把自己能做的事推给他人	给他人指示并委托工作	能控制周围的人
367	不考虑之前有效的观点	拥有新的视角	能扩大视野
368	需要新的刺激才能进步	持续学习新知识	能拓展自己的知识
369	不愿为短暂的关系付出努力	珍视已经建立的关系	能构建持久的关系
370	被负面情绪牵绊	经常倾听他人的烦恼	能通过引导负面情绪来缓解他人心情
371	被日常杂事左右	重视当下的每一刻	能灵活应对不同的情况
372	结论得出的速度很慢	重新审视过往结论	能深思熟虑
373	没有明确角色时，无法行动	重视自己的角色	能扮演好自己的角色

（续）

	缺点	天赋	优点
374	对自己施加过多压力	追求最佳水平	能提升到卓越的水平
375	优先考虑他人而不表达自己的意见	确保每个人的意见都能被听到	能妥善处理团队的各种意见
376	接纳过多的人	平等接纳他人	能不分彼此，接纳所有人
377	不专注于当下	深度思考	能加深思考
378	杞人忧天	找出所有可能的风险	能预见他人预见不到的风险
379	稍一放松就情绪化	重视理智的同时也关注情感	能在理智和情感之间平衡决策
380	把人生决定交给命运	把决策交给直觉，而不只是理性	能顺其自然
381	表现受是否有明确目标的影响	专注于一项任务	会度过充实的时光
382	宠溺他人	接受一切	能加深与他人的信任关系
383	将自己逼入死角	制定目标并向他人宣布	能言出必行
384	有时会破坏气氛	自由表达情绪	能以丰富的情感表达自己
385	过于以自我为中心	在乎他人眼光	能关注周围人的看法
386	急于找到原因	持续深挖问题根源	能用敏锐的洞察力找出问题的根源
387	缺乏普适性	善于组合应用现有事物	能创造出充满原创性的事物
388	拖延生产性工作	为每个人分配角色	能提高他人的自我效能感

1000 个天赋选项

（续）

	缺点	天赋	优点
389	轻视闲聊	让谈话带有巧妙的收尾	能给他人带去幽默
390	话题冗长	用故事来讲述	能讲述有起承转合的故事
391	无法预见到危险	不通过外貌或言辞判断他人	能不带偏见地与人交往
392	迫使他人快速判断	迅速做出决策	能创造情境变化的契机
393	想让所有人喜欢自己	始终保持微笑	能激励周围人并让环境充满活力
394	不相信未来的可能性	基于过去的事实寻找解决方案	能脚踏实地地解决问题
395	不进行个性化的处理	引导更多人走向更好的方向	会从事能影响多数人的工作
396	一个人无法整理思路	通过让他人问自己问题来整理思路	能通过对话整理自己的思路
397	变得过于热情	热情地谈论自己的未来	能通过讲述愿景激发他人的积极情绪
398	太在乎周围人的看法	在适当时机提出自己的意见	能依据周围环境在最佳时机提出建议
399	优先考虑个人利益而非组织利益	关注团队成员的负面情绪	能关心团队成员的负面情绪
400	接纳有可能破坏气氛的人	不排斥任何人，接纳所有人	能接纳每个人并包容他人
401	抗拒他人的指示	形成自己的意见，再整合周围人的意见	能统率团队
402	无法平等对待所有人	根据每个人的情况进行调整	能针对不同的人采取最合适的应对方式

(续)

	缺点	天赋	优点
403	工作到身体不适	为实现目标而努力	能即使目标高远，也能为之坚定行动
404	回避根本原因	不把问题当回事	能无忧无虑地生活
405	不听取否定意见	身处支持自己的环境	能建立与理解自己的人之间的关系
406	只以获得资格证为目的（为了考证而考证）	取得资格证	能扩大就业选择
407	在紧急情况下让人感到烦躁	每一句话都表达得十分谨慎	能用有趣的方式表达
408	因信息过多而无法充分利用	从多角度向成功人士询问	会参考他人意见以提高成功的概率
409	不接受他人的意见或想法	坚守伦理观念	能根据正义做出判断
410	不与他人共享进度	基于自己的想法默默工作	能自主而冷静地推进事务
411	过度劳累	为了取得成果而不断努力	能持续积累
412	没有榜样便无法行动	参考榜样来行动	能找到值得尊敬的人并模仿他
413	过于重视常识	按照规则执行	能坚持执行已决定的事情
414	无法区分工作与私人生活	全身心投入工作	能加快工作进度
415	忽视目标以外的事	言出必行	能坚持完成既定目标
416	行动时无依据和计划	毫不犹豫地挑战新事物	敢于冒险并从中获得宝贵教训

(续)

	缺点	天赋	优点
417	勉强改变自己	弥补自身不足的知识	能改善自己的言行,朝更好的方向发展
418	任务完成度不太稳定	完成复杂多样的任务	能引导任务达到简洁明了的状态
419	过于关注所有人的意见,导致无法推进话题	营造便于所有人发表意见的氛围	能提供让人安心的场所
420	排除发表不合时宜言论的人	基于常识思考事情	能采取稳定的行动
421	不确认对方是否理解	结合来自各方面的丰富信息与人交流	能生动地传达大量信息
422	停滞时会感到困惑	顺利推进事务	推进事务时考虑周全
423	自来熟	即使环境变化,也能迅速与人交好	不怕生
424	无法掌控计划的推进	量化进度	能掌握整个计划的进度
425	不敢挑战自己	客观看待自己	能准确把握自己的状况
426	不描绘理想	务实应对	能稳步推进事务
427	性子急	快速推进事务	能更快速地推进
428	被认为不可信	用打动人心的口才流畅地表达	能顺利推进谈判
429	异想天开	始终怀抱希望描绘未来	能想出令人兴奋的点子
430	如果没有结果,就觉得一切都白费了	专注于结果	能为取得结果每日努力

（续）

	缺点	天赋	优点
431	太过细致	将现象用细致的语言表达出来	能把模糊的现象明确表达出来
432	冲动决策，让自己后悔	迅速决策	能立即着手处理事务
433	被认为没有责任感	不拘泥于"应该如何"	能灵活应对
434	无法放松	在每日计划中加入自我提升的时间	能刻意安排时间促进自我成长
435	拒绝尝试看似无异议的事情	简化行动	能削减当前目标中不必要的事物
436	采取平庸的方式应对对方	尊重对方的喜好	能宽容对待对方的偏好
437	未优先考虑每个人的第一选择	调整成员的日程	能结合多个要素顺利推进计划
438	不与时俱进	为所有事情设定期限	能为在截止日期前完成而努力
439	无法控制场面	让人们自由活动	能避免将他人框住
440	无法很好地应对变化	有条不紊地推进事务	能将必须要做的事情变成习惯
441	敌视对立的行为	充当人际关系的桥梁	能从大局中发现意义
442	打破平静的氛围	在短时间内谈许多话题	能提供丰富的话题
443	仅发现问题，无实用价值	找出看似无关事物的共通点	能进行创造性思考
444	为获得成果花费太多时间	不论个性如何，都坚持培养人才	能培养出多样化的人才
445	与自身所在组织的关系淡薄	拓展与公司外部人员的关系	会保持新鲜的人际关系

1000 个天赋选项

（续）

	缺点	天赋	优点
446	对不信任的人态度冷淡	主动打开内心世界	能主动采取措施巩固关系
447	物品堆积如山	以防万一，准备很多物品	能预设紧急情况，进行风险管理
448	优先考虑他人发展而忽视短期成果	比起眼前的成果，更注重他人的成长	能从长远角度思考
449	过于夸张	对他人谈话做出强烈反应	能带给对方"被倾听"的安全感
450	过于关注个人想法，忽略组织意图	关注个人想法，推进工作	能尊重组织中的个人想法并给予关注
451	无法耐心等待	即刻决定何时开始	能早早开始处理事务
452	话说个没完	深入讨论有趣的话题	能加深对感兴趣领域的理解
453	表达不够流畅	慎重思考后发言	能谨慎表达，避免仓促给出结论
454	容易误认为是自己的问题	推己及人	能重视他人的感情并加以体谅
455	不能三思而后行	将眼前的事视为不可避免，并进行挑战	能与时俱进
456	无法拒绝他人提出的认识某人的要求	连接合适的人和资源	能为他人带来新机会与关系
457	过度承诺	告诉他人自己能做到	能成为他人的依靠
458	当下用不上的知识也一并收集	收集有用的生活小窍门	能在关键时刻提供帮助

（续）

	缺点	天赋	优点
459	情绪起伏较大，不够稳重	情绪充沛并积极行动	能感染周围人，带来活力
460	为达目标不择手段	追求卓越	能持续突破，领先他人
461	不能及时发现问题的严重性	委婉表达否定意见	善于与他人沟通，避免冲突
462	把时间花在不紧急的事情上	一步步消除潜在风险	做事稳妥，确保每个环节都能顺利完成
463	对突然的任务变化感到困惑	坚持有条理地执行任务	能井并有条地推进工作，保证效率
464	思考过多而行动过少	提前制定多个应对策略	能不断提出应对措施
465	不注重过程，急于求成	明确目标	能直奔主题，高效完成任务
466	容易被打乱氛围的话语扰乱思路	稳定场面	能维持和谐的工作气氛，稳住局面
467	容易过早放弃	接受一切都是必然的	能顺利放下不必要的执念
468	提出不切实际的建议	总能想出新颖的创意	会想出有突破性的创意
469	不重视自己的需求	感觉对他人有价值时，会积极为他人付出	乐于助人
470	同时处理多个任务时容易卡壳	集中注意力投入单一任务	能一心一意，全力以赴完成任务
471	该沉默的时候也会讲话	擅长打破沉默	善于带动场面，让大家更加融洽
472	总是追求答案	不断寻找更好的解决方法	善于发现问题并不断优化过程

1000 个天赋选项

（续）

	缺点	天赋	优点
473	不容易发现其他解决方法	认真应对当下的每个挑战	能专注地解决问题
474	超负荷接受任务，导致压力过大	不论什么任务都能积极接下	能承担很多工作
475	容易忽略话题的整体性（忽略了其他内容，导致对方理解起来故事不完整）	善于强调关键信息	能明确传达关键点
476	拒绝计划外的方法	明确地为目标制订计划	能高效推进任务，确保顺利完成
477	在意细节而忽视质量	不断检查以确保任务顺利完成	能发挥检查清单的价值，切实推进项目
478	有时显得过于自我	坚信自己的能力	能在挑战面前永不妥协，勇往直前
479	难以与他人产生共情	能够冷静地分析他人情绪	能保持情感的边界，不让他人情绪干扰自己
480	只探寻缺点	善于发现问题并修复	能给事物带来新的生命力
481	不太注重他人个性	为大家带来均等的利益	能防止不平等带来的损失
482	只学不练	对任何事物都表达"这是一个学习的机会"	能从所有事情中学有所得
483	不接受规则外的事情	用严格的规则管理团队	能通过制度保持团队的秩序
484	经常不合时宜地给出建议	总是指出他人的不足	会明确告知对方可以优化的点
485	多管闲事	提出比当下方案更好的建议	能给对方带去新的发现

（续）

	缺点	天赋	优点
486	把责任扛在自己身上	正视任何不利的事实	会坦然接受不利因素，保持前进
487	难以关注周围发生的事情	花时间思考深层次问题	能够全身心投入，保持专注
488	经常给人压迫感	在任何场合都能自信地表现	不用言语就能传达自身的重要性
489	确认他人优秀之前，不会与之亲近	喜欢与优秀的人建立亲密关系	打造优质人脉圈
490	有时会剥夺他人改进的机会	不否定对方，善于接纳意见	能肯定对方
491	容易忽视外部声音	快速达成目标	会非常专注地投入
492	有时显得过于傲慢	让他人同意自己的观点	协调一致，创造合作机制
493	奉承他人	发现和表达他人的天赋	激励他人行动
494	不愿尝试他人推荐的学习方法	发现最适合自己的学习方式	善于构建自己独有的学习方式
495	做事过于冲动	边走边学	方法论形成之前，也能推进项目
496	总是过度确认是否正确	能够在出现偏差时及时纠正	能在正确的时间，提供明确的前进方向
497	容易胡思乱想，导致无法入睡	不断想象未来的美好图景	无论现实如何，都能怀揣希望前行
498	花过多时间追求完美	深入思考问题并寻找解决方案	能够抓住问题的本质，做出有价值的决策
499	容易固守个人观点	想象现实中可能达到的最佳状态	能对未来充满信心

1000 个天赋选项

（续）

	缺点	天赋	优点
500	学习与成果脱节	不断学习，不急于求成	能够享受学习的过程，收获丰富经验
501	总是思考事情，无法享受休息	持续深入思考	能提升思维能力
502	缺乏科学依据，仅凭个人看法	坚持自己的观点，自信地发言	能获得他人信任，影响力强
503	不善于团队合作，总是独来独往	总能独自完成任务	能自立自主
504	违约时会感到内疚	在无法兑现承诺时，会提前通知	能积极预见问题并做好规划
505	习惯强迫团队接受自己的方式	总是提前制定检查清单并与团队共享	能促进团队协作，确保团队一致行动
506	容易被他人剥削	总是愿意与他人分享经验和知识	能无私分享
507	有时过于轻浮	以轻松愉快的节奏进行沟通	能让人轻松愉快，创造和谐氛围
508	为了完美，总是花费太多时间准备	喜欢进行充分的准备与确认	能确保万无一失
509	容易忽视当下的问题，过于专注未来	总是提前做好充分的准备	能未雨绸缪
510	对违反规定的人很严厉	总是严格按照团队的规定来行动	能保护团队安全
511	容易忽视对风险采取充分的应对措施	逆境中仍能保持积极乐观	能乐观地思考
512	只有在被逼到极限时才能有最佳表现	将负面情绪转化为动力	能把逆境本身转化为动力

（续）

	缺点	天赋	优点
513	无法理性地解释事物间的关联	依赖直觉，找出事物的共同特点	能表达事物间的关联
514	对风险管理不够重视	快速恢复	能不纠结于过往，向下一个目标前进
515	独断专行，难以听取他人意见	总是自信地认为自己的判断是对的	自信，有决断力
516	不愿意看到缺点	擅长发现并提升他人的能力	能发现并发挥自身和他人的优点
517	不适应他人的步调	坚持按自己的节奏推进事情	能不为外界所动推进事情
518	滔滔不绝	总是掌握对话的主动权，让周围的人开心	能主动发起对话，让大家开心
519	思维较为分散，缺乏清晰结构	反复试错	能提出各种议题
520	减少了获得新挑战的机会	把自己不擅长的事情委托给他人	能把工作交给最合适的人，提高效率
521	总是写得冗长，让人不想读	把思想转化为文字	能通过丰富的语言描述事物和表达情感
522	有时言辞过于直接，招致他人反感	无论对象是谁，都能直抒己见	能促进组织内的信息流动
523	时常为了让他人喜欢而改变自己的决定	灵活应对他人	能真诚地接纳对方
524	不够谨慎	总是愿意冒险尝试新事物	能积极探索
525	不重视他人的意见	总是自主做决定	能自主行动
526	容易被人误解为没有积极性	总能从容不迫地应对挑战	能自信地面对任何事情

(续)

	缺点	天赋	优点
527	不会察言观色	实事求是	能够坦诚待人
528	有时会搞坏气氛	直率地沟通	能打开对方心扉，传达自身想法
529	不重视既有的方法	总是在寻求获得绝大多数人支持的方法	能获得周围人的认同，以此为基础考虑新的选项
530	很难让人理解自己的想法	总能整合不同领域知识，产出想法	善于将不同要求有效整合，产出想法
531	没有任务清单就无法行动	制定任务清单	善于通过规划实现目标
532	容易忘了自己的初衷	认可团队中每个人的意见	能创造一个各抒己见的环境
533	容易不重视既有的规则	把合适的人放在合适的位置	善于整合团队，提高效率
534	容易受到环境影响，缺乏抵抗力	远离干扰	能保持心理平稳，专注于目标
535	忽视失败的教训	仔细审视并传达成功背后的原因	能促进对方的成长
536	不容易表达真实想法	善于理解他人的想法	能为他人着想
537	把事情考虑得过于复杂	提出对事情的关切	能事先预想到各种各样的困难
538	会优先考虑自己的利益	选择想要深入交往的人	能创建舒适的人际关系
539	难以预见严重的威胁	总是保持积极的心态应对挑战	能轻松地采取行动
540	表现浮夸	善于通过表情和动作传达信息	能精心设计表达方式

（续）

	缺点	天赋	优点
541	没明白对方意图就不轻易表达观点	理解对方讲话的意图	能根据他人意图给出恰当的回应
542	容易显得冷漠，缺乏亲和力	对上级采用谦逊的言语	能重视上下级关系
543	花了太多时间帮助他人	对任何人的需求都愿意花时间给予帮助	能创造一个适合对方成长的环境
544	歧视打破规则的人	遵守自己的原则来行动	能保持一定的秩序，创造稳定的环境
545	所有事情都想要公平，让周围的人很压抑	察觉到并指出不公的情况	不会忽视不公的情况
546	没有确凿的数据来证明	传达世界会越来越好的信念	能给予不安的人安慰和希望
547	会让周围的人感到莫名其妙	感谢还未遇到的人	能畅想未来
548	过度尊重个性，难以形成统一见解	接纳不同的观点	能尊重他人的个性
549	对失败过于敏感，容易气馁	一直在寻找可以交心的人	一旦确认对方可以交心，就能立刻敞开心扉
550	行动迟缓	善于通过行动传达情感	能通过行动证明自己，坚韧不拔
551	话题太分散	能抓住话题并拓展	能将话题引向新鲜的方向
552	不舍得断绝关系	发现与他人的联结	重视并珍惜与他人的联结
553	喜欢保持现状，不主动行动	知足	能在日常生活中感到满足并享受生活

(续)

	缺点	天赋	优点
554	总想要分出高下	与优秀的人建立关系	能与优秀的人合作并取得成果
555	无视组织的意图	相比整个团队，更加关注每个成员的想法	在推进工作时能考虑成员的需求并尊重他的意见
556	有时容易和稀泥	不明确表达观点	能和周围的人保持一致
557	无视上下级关系	不受金钱或地位的影响，公平对待他人	能以平等态度对待每个人
558	容易因受到过多刺激而疲惫	认识很多人	能建立广泛的社交网络
559	与消极的人交往时容易身心俱疲	总是以积极的态度与他人互动	能给周围的人带来正能量
560	花太多时间做设想	习惯提前模拟当天的流程	能够利用想象力做出预判
561	思考耗时，导致进展缓慢	从多角度深入思考问题	能深入挖掘问题的本质
562	在不确定的情况下不敢全力以赴	会提前消除不安的因素	能采取预防措施，避免问题产生
563	对团队成员过于约束	严格执行步骤，注重细节	能保持团队效能，持续前进
564	缺乏从失败中吸取教训的能力	不畏惧失败，勇于尝试	即便失败也能继续前进，持之以恒
565	容易陷入质问对方的境地	要求对方提供论据和背景信息	能通过信息收集帮助自己掌握全局
566	容易盲目地催促他人	喜欢推动他人快速行动	能加速任务进展，带动团队

(续)

	缺点	天赋	优点
567	缺乏中立视角	寻找积极的信息	能够专注于积极面，激励他人
568	理想过高，容易半途而废	研究伟人的历史	能学到可以获得成功的思维模式
569	不切实际，常常让人感到无奈	提出出人意料的创意	能够开创无限的可能性
570	包容偏离规则的行为	相比规则，更重视他人的实际情况	能理解对方的行为原因
571	容易被认为愚钝	坚持做正确的事情	能怀揣正义感行动
572	不愿指出他人问题	告知对方变好的地方	能通过肯定对方的进步来提升他的自尊心
573	过度依赖标准，忽略个体差异	制作手册等资料	能将团队规则可视化
574	对日常行为过于敏感	认为事情无论好坏，最终都会影响到自己	对任何事情，都能自律，要求自己采取正确的行动
575	容易遭遇阻力	勇于挑战前所未有的风险	能带来显著的变化
576	常常忽视细节	将复杂事情归纳整理，便于理解	能理解事情的框架
577	忽视个体需求，缺乏个性化考虑	建立对所有人都平等的系统	会确保每个成员都能顺畅地工作
578	容易陷入过于乐观的思维方式	注重传递事物的正面影响	能改变他人的思维方式，带来新的视角
579	无法隐藏负面情感	真实地表达感情	能让自己的心情变好

（续）

	缺点	天赋	优点
580	不愿独自发言	确保每个人都能参与话题讨论	能创造让每个人都畅所欲言的环境
581	容易先入为主，轻易下结论	通过观察推测他人的能力	能提升洞察力
582	只基于能力判断他人	识别他人的优点	能发现他人的强项
583	不关注与本质无关的事情	深入探究事物的核心	能看透事物的本质
584	无法用语言传递信息给他人	理解他人间的联系	能注意到表象下的人际关系
585	需要时间来达成共识	听取大家的意见	能寻找并整合不同观点，促进达成共识
586	过度关注他人的真实想法	敏锐地捕捉他人言行中的微妙变化	善于察觉变化，调整自己的行动以适应
587	容易忽视盈利能力	完成被指派的工作	能和对方建立互信
588	拖延优先级低的事情	优先处理重要事务，确保顺利进行	能高效地执行，确保任务及时完成
589	对不认真做事的人过于严格	始终追求完美，力求做到最好	能保质保量完成任务
590	难以接受事实	乐观处事	能把一切都变成学习的机会
591	提出的创新解决方案过于极端	擅长打破常规，提出独特想法	勇于创新，提出新的解决方案
592	被人瞧不起，别人怎么说，都不会生气	始终以平和的态度与他人接触	能为团队创造一种和谐的氛围
593	因他人的失败而情绪低落	从他人的错误中汲取经验	能通过经验为未来做准备

（续）

	缺点	天赋	优点
594	没有余地，感到拘束	通过可视化的每日计划来管理时间	全面把握整体情况，避免遗漏
595	不知道步骤就无法开始工作	按照规则默默投入工作	能专注于工作
596	给人留下负面印象	发现问题负面的部分	能找到问题解决的切入点
597	逃避现实	迅速忘记烦恼	能不把负面情绪带入未来
598	对眼前需要做的事投入时间不足	深入回顾过去	能充分反思过去、面向未来
599	过于注重解释，话太多	根据过去的案例或情况来解释	能简明扼要地传达关键信息
600	工作过于忙碌	为了取得成果而努力工作	能在保持体力的情况下发挥最大效能
601	差别对待关系亲近和不亲近的人	更加珍视深厚的关系	能让关系更加稳固
602	无法享受过程	定期调整轨道	能确保不偏离目标
603	无法忘记不愉快的过去，形成心理阴影	牢记发生过的事情	能充分发挥过去的经验
604	自负	自信地处理事务	能充满活力地应对挑战
605	不给他人说话机会	掌握谈话主导权	能积极推动对话
606	过于在意周围的人	与人相处十分周到	能让行为合乎常识
607	在等待合适时机的过程中错失良机	掌握表达意见的时机	能凭直觉抓住时机

1000 个天赋选项

（续）

	缺点	天赋	优点
608	不让他人表达意见	率先推进事务	能有力地引领团队走向目标
609	被他人怀疑	发现同步现象	能与集体建立潜意识的联结
610	使周围人感到困惑	想让周围的人发笑	能缓和气氛
611	过于注重一致性	基于事实陈述	能给出自洽的解释
612	重数量轻质量，容易出问题	关注效率，快速行动	能短时间内完成大量任务
613	不计后果，给他人添麻烦	不管怎样，先干起来	能不断获得新启发
614	对某些人而言，触及深层心理可能带来威胁	能感知他人的深层心理	能洞察事物
615	一个人时容易放纵自己	为与目标一致的伙伴共同学习创造时间	能找到志同道合者并共同前进
616	应对方式经常变化，使人困惑	不拘泥于单一方法，灵活应对	能灵活处理事务
617	频繁发问，使人不适	询问自己和他人	能深化自己的和他人的思考
618	不按逻辑来思考	快速判断什么地方需要什么内容	能凭直觉整理事务，井井有条
619	强迫他人赞美自己	为获得赞美不遗余力	能领导重要项目或团队
620	事后才发现最初的问题	任何情况下都自信	能保持高度的自我效能感
621	在人多的时候，会对谈话感到疲惫	仅向可信的人袒露自己	能与他人建立深厚的一对一关系

(续)

	缺点	天赋	优点
622	无视周围人的意见	按自己的意志行动	能无压力地开展日常事务
623	不重视他人感受	着眼于事实	能分析事物
624	没有先例的话,会感到困惑	基于历史进行研究	能解读过去数据并运用到未来
625	轻视事实	聚焦于真相进行思考	能尊重真理
626	无事可做时感到焦躁	始终积极行动	能把许多事情付诸实践
627	耗费时间寻找替代方案	探索替代方案	即使遇到瓶颈,也能尝试新方法
628	难以让人接近	谨慎地袒露自己	与人交往中,能保持合适的距离
629	为不做擅长的事情找借口	总想要发挥自己的强项	能做出明智且合理的判断
630	想法过于简单	在最糟糕的情况下,仍能发现好的部分	能转变视角,以积极的心态来看待事物
631	不理解时,缺乏自信	掌握解决日常问题的方法	能让人放心地开展工作
632	无视能力差异	让更多人参与并扩大团队	能增强整体团队协作能力
633	只顾学习	每天快乐地学习	能为生活增添色彩
634	轻视与目标无关的事	为达成目标设定优先级	能有战略地推进事情发展
635	敷衍地解决问题	应急处理	能将事情引入安全状态
636	不能平等满足每个人的期望	设置期限并发布公告	能提高团队效率

（续）

	缺点	天赋	优点
637	人际关系过于注重合理性	与认可自己实力的人联结	能不断地打磨自身天赋
638	缺乏坚定的原则	灵活应对多种情况	适应事物
639	过度追求完美，让自己很累	追求完美	能不满足于现状，对质量精益求精
640	意见冲突时也不会妥协	坚持自己的观点	能坚信自己的观点
641	优先构建最优环境，而非考虑人感受	为工作分配最合适的人	能人尽其才
642	忘记休息，过度工作	通过待办列表可视化计划	能高效行动
643	容易忽视整体框架	采取具体的行动	能打破僵局
644	会为自己的错误辩护	毫无罪恶感地生活	能不受过去束缚
645	忘记自己当下要做什么	思考过去和未来	能不受时间线限制，自由思考
646	被怀疑是个神神道道的人	认为眼前发生的一切都是必然的	面对困难也能保持乐观
647	为了迎合他人而假笑	重视真诚的微笑	能让他人开心
648	不重视旧制度	策划新内容并回馈社会	能创办新事业
649	目标成果产出速度慢	不论成果大小，都采取行动	对小的成就也感到满足
650	无视固定规则	创作出独特的作品	能凭直觉创造

（续）

	缺点	天赋	优点
651	容易感到厌倦	凭感觉做决定	能不执念于事物
652	不关注自己	对个体与整体状态格外留心	能感知个体与整体的状态并保持平衡
653	持续在紧张状态下行动	检查文件是否有遗漏	能顺利制成重要文件
654	不分对象地寻求反馈	积极采纳反馈	能客观看待问题并改进
655	行动不随大流	自己思考并行动	能主动行事
656	被认为总是依赖他人	借助他人力量	能激励愿意被依赖的人
657	忘记休息	灵活分配时间，完成任务	能忠实执行必要任务
658	会要求对方也具备相同的紧迫感	快速做出决策	能提升生产力
659	错误的理解根深蒂固	拥有坚定的个人理论	能整合各种信息、发现事物本质
660	容易写出自我陶醉的文章	用文字表达涌现的情感	能写出充满情感的文章
661	理想过于崇高，脱离实际	怀抱梦想和希望并为之努力	能为世界做出重大贡献
662	强迫对方接受直率的评价或意见	真诚地接受任何评价	能接受他人评价并加以改进
663	听他人倾诉过多，浪费自己的时间	全力倾听对方	能引导对方说出真心话
664	花太多时间倾听，浪费时间	关心并倾听对方说的话	能充分理解对方的想法
665	让惧怕对立的人感到不安	把对立理解为解决问题的一环	能利用对立带来的好处

（续）

	缺点	天赋	优点
666	不懂得适可而止	相信总有一天能实现，并付诸行动	会相信自己的可能性
667	有独断的倾向	拥有主导权	能控制局面
668	因认为自己有责任而压抑真心话	避免随意表达真心话，而是斟酌用词	能注意不用语言伤害他人
669	不接受意见分歧	促成团队意见达成一致	能引导团队朝同一方向前进
670	与周围人格格不入	珍惜独处时间	能避免不必要的刺激，保持稳定
671	记录成为目标本身，而不是作为达成目标的手段	为达成目标进行必要的记录	能在需要时回顾记录并掌握情况
672	误以为他人也看得到，因而疏于解释	在脑海中模拟最短路径	能战略性地达到目标
673	无法累积专业知识	广泛学习多领域知识	能跨领域应用所学知识
674	强迫不擅长自我表露的人充分表达	要求他人诚实	能进行坦诚的沟通
675	执着于自己的方法	用自己的方式做事	能确立最优解
676	沟通方式显得生硬	理解对方特质并与之沟通	能洞察对方特质并进行分类
677	压抑自己的意见	稳步推进团队讨论	能让团队讨论整体和平地收场
678	不理解步骤，就无法推进	向对方说明需要了解步骤	能确保任务顺利完成

(续)

	缺点	天赋	优点
679	该放弃的时候不愿放弃	耐心地坚持，不懈努力	能持续推进事情发展
680	在混乱情况下容易迷失	按步骤思考	能构建事物的体系
681	神神道道，被人防备	按价值观行动	能创造一定的价值体系
682	以恩人自居，要求他人回报	逐一告知对方自己为他所做的事	能与对方细心分享进展
683	无法发现相似性	以独特视角提出与他人不同的意见	能用独到而敏锐的视角提出宝贵建议
684	即便情况紧急，也要耗费一定时间检查	为避免错误进行双重检查	能平稳而可靠地推进事务
685	只会抱怨	只向信任的人倾诉真心	能坦然地表达真实的自己
686	计划被打乱，就得重做计划	制订计划	能按计划稳妥推进事务
687	难以适应杂乱的环境	整理事情，使之结构化	能梳理混乱的事情并构建体系
688	轻视成果	认可对方的工作态度	能重视对待事情的态度
689	纠结于无关紧要的事	发现微小错误并改正	能让事物接近完美状态
690	不重视本国文化	与各国人士交流	能通过跨文化交流拓展见识
691	误以为他人有相同想法	由过去想象未来并传达给对方	能从长远视角传达想法
692	唠唠叨叨地指责他人	要求遵守规则	能阻止不当行为

1000个天赋选项

(续)

	缺点	天赋	优点
693	有自恋倾向	进行吸引人的对话	能激发他人活力
694	丧失个性	迎合周围人的行动	能采取无风险的应对方式
695	过度追求数字目标而迷失方向	以明确的标准展开竞争	能在可量化的工作中,取得卓越成绩
696	对周围事务缺乏敏感度	无论发生什么,都冷静应对	能不受环境干扰,果断行动
697	不满足于现状	想象未来并感到兴奋	能对生活充满希望
698	将感情强加给能力不足的人	支持迷茫的人	能全力支持对方的决定
699	对无趣的事物缺乏兴趣	将事情游戏化,以增加乐趣	能构建让人愉快的机制
700	放弃与目标无关的其他乐趣	专注于有助于目标达成的事情	能明确优先级并集中精力
701	纸上谈兵,没有行动	勾勒愿景	相信无限的可能性
702	不给他人提供成长机会	不借助他人力量,独自解决问题	靠自己解决问题
703	容易被人嫉妒	调动观众情绪,让他们感动	能给大家带来娱乐体验
704	浪费精力	考虑到失败的可能性后再采取行动	能积极看待失败并加以利用
705	团队意见无法统一	接受团队内不同的意见	能尊重每个人的意见
706	误判对方问题解决的优先级	倾听对方烦恼,不论烦恼大小	能如实地理解对方的烦恼

（续）

	缺点	天赋	优点
707	以自己的标准评判他人	按照伦理采取正确行动	能为社会和他人行动
708	不善于与人交往	优先独处并认真思考事情	能无惧孤独，专注
709	过多地使用拟声词，显得很聒噪	讲故事，使人身临其境	能富有表现力地讲话
710	被别人依赖时，即使感到勉强也会承担任务	负责任地行动	能获得周围人的信任
711	思考过于短视	想到就立即行动	能快速获得结果
712	为了提高成果，增加过多工序	确认每个步骤是否完美	能稳妥且可靠地推进事情
713	如果不学习，就感到不安	持续吸收新知识	能学以致用，为多个事情提供帮助
714	检查过多，浪费时间	定期检查多人的进度	能确保所有人按计划推进
715	只专注于目标达成	为实现目标，灵活调整手段	能高效达成目标
716	不明确问题的关键点	传递成长价值并以积极的措辞来总结	能抚慰对方心灵
717	浅尝辄止	迅速尝试新方法	能保持新鲜感并采取更有效的行动
718	过度灵活，导致秩序混乱	灵活思考	能灵活调整方法，推进工作
719	过于松懈	在多人面前从容发言	能在多人面前准确表达自己的感受
720	没有跟周围的人解释清楚，无法获得理解	用行动代替语言	能为他人树立榜样

（续）

	缺点	天赋	优点
721	只关注目标达成	为达成目标而探索多种选择	能从多个角度思考问题
722	过于专注，看不到周围的事情	专注于一件事	能获得高水平成果
723	缺乏他人视角	全面审视自己的想法	能冷静地掌控自己的思绪
724	无法察觉自己所受的伤害	积极参与活动	能精力充沛地推进事情的发展
725	对人区别对待	根据对方实际情况，调整表达方式	能提供量身定制的应对方式
726	容易厌倦	不断学习最新知识	有好奇心，保持新鲜感
727	过于乐观	始终积极思考	能保持积极的动力
728	陶醉于自我表达中	如实地表达自身情感	能进行充满情感的对话
729	对可预测或重复的事情感到厌烦	保持灵活性	能应对突发问题
730	忽视体力，容易生病	为目标不懈努力	能快速达成目标
731	难以让他人理解	收集小众的信息	能深入研究专业知识
732	对意外事件感到不安	做平常事	能将操作流程结构化
733	遇到计划外的突发情况，难以恢复	预先准备进展不顺时的应对计划	能掌握风险的应对方案
734	自以为是	按自己的原则行动	能根据信念行事
735	被他人轻视	平等对待他人	能与对方平等交流

(续)

	缺点	天赋	优点
736	执着于过去	铭记过去失败的教训	能吸取过去的经验,以防再次失败
737	对他人情绪不敏感	从容应对问题	能踏实地解决问题
738	降低工作效率	同时进行多个事情	能平衡地推进事情发展
739	过于强调个性化	关注每个人的情况	帮助每个人取得成功
740	无谓地增加任务	将目标拆解成具体任务	能明确实现目标的步骤
741	过于理想化	提出建议,即使当前无法实现	能去除思维限制
742	对无须解释的事情,也会进行说明	仔细思考以便向对方解释	能梳理清楚后给出简单易懂的说明
743	犹豫不决	避免与人发生冲突	能通过协商做出决策
744	打着正义的名号评判他人	遵守社会规则	能采取合乎常识的行动
745	轻视旧事物	接纳新事物	能毫无抗拒地接受新事物
746	不听他人建议	最终自己决策	能自己负责任地做出决定
747	回避问题,不解决根本原因	调整身心	能随机应变
748	使人失去梦想和希望	调整对方期望值	能脚踏实地地思考
749	只关注最优选项或最佳方法	筛选最优方案并确定最佳方法	能确定最佳行动方案

1000 个天赋选项

（续）

	缺点	天赋	优点
750	缺乏计划性	随机应对变化	即使遇到异常情况，也能冷静处理
751	遇到意料之外的情况，需要大幅调整	让多个项目顺利推进	能提前整理事情并制定模板
752	很快忘记过去的事情	从不为过去而后悔	拿得起放得下
753	说的都是些讨巧的话	提供让人开心的话题	能用对话让人展露笑容
754	关系流于表面	传达彼此的优点	能提升彼此的表现
755	自己的想法模糊不清	不对任何意见表态	能保持中立立场
756	不懂得变通	按照规则行动	能采取自律的行为
757	只顾刷社交媒体，不做该做的事	在意社交媒体上的反应	能细致地感知对方的想法
758	过于相信自己的能力	无所畏惧地大方行动	能给周围人带来安全感
759	不考虑平衡	将一天的计划排满	能完成大量任务
760	助长对方的依赖心理	在对方请求帮助之前伸出援手	能读懂对方的心情并事先行动
761	沉浸在满足感中	清晰地想象理想实现时的场景	能赋予未来画面感并激发动力
762	话多到令人厌烦	表达时，在节奏和速度上进行变化	表达时能让对方留下印象
763	不留空闲时间	全速思考	能产生大量创意
764	不追求更高目标	将自己的实力提升到与他人相同的水平	能让大家整体提升业绩

（续）

	缺点	天赋	优点
765	回避大胆的挑战	与实力差不多的对手竞争	能找准获胜的时机
766	执着于胜利，以至于队友无法跟上	为胜利给团队全员下达指令	能指挥团队迈向胜利
767	只说对自己有利的话	注重与周围人的关系和谐	能营造和睦的氛围
768	讲话没有逻辑	想到什么就说什么	能流畅地表达
769	过度感同身受，导致疲惫	站在他人的立场思考问题	能更深刻地理解对方的情感
770	对待问题双标（只指出他人的错误，无视自己的问题）	察觉到他人的问题点	能发现他人的课题
771	被认为是个麻烦的人	注意到细小的变化并传达	能从细致的视角提供意见
772	停留在一时的满足感中	珍视自己的热情并勾勒未来	能提升自身的动力
773	进度变慢时会有罪恶感	全身心投入目标的实现	做事有始有终，坚持到底
774	会被人认为过于严苛	做好准备，避免意外发生	能毫不含糊地应对事情
775	只靠自己无法行动	通过协作达成重大成果	能将合作精神转化为整体利益
776	根本性的变化导致周围混乱	重新审视步骤，让工作流程顺畅	能从根本上重新评估事情
777	团队中会有无法跟上的成员	作为团队领导积极发言	能引导团队活跃起来
778	对不感兴趣的事情毫不关注	不将精力浪费在无谓之处	能对感兴趣的事投入时间和精力

1000个天赋选项

(续)

	缺点	天赋	优点
779	判断错误	迅速决策	能快速推进到下一个阶段
780	无法放松	全力投入	能认真对待人生
781	执着于技巧,导致目标达成缓慢	改进学习方式	能找到适合自己的学习方法
782	太过张扬	渴望成为焦点	能在公开场合做出最佳的表现
783	缺乏自信	困难时,寻求他人帮助	能站在他人的立场考虑问题
784	理想过高,难以实现	高举理想并为之行动	能以进取心为动力并采取行动
785	犯错后过度沮丧	确认事务是否正确推进	能注意避免犯错并认真处理
786	完全不做不感兴趣或不擅长的事	注重发挥自己的强项	能利用强项取得显著成果
787	容易产生怀疑	预测风险并提前应对	能时刻规避风险
788	长期怀有强烈的不满足感	探索更好的方法	能不断追求更高成果
789	未能察觉到有解决办法	直面不安的状况	能打破任何困境
790	话太多,让人觉得轻浮	流畅地表达	能简明地传达信息
791	思考过于集中,以至于忽视周围	与自己对话	能整理自己的内心
792	过于重视效率,自己没有空间(让自己过于疲劳等)	将节约下来的时间用于实现其他目标	能提高时间利用率

(续)

	缺点	天赋	优点
793	过于坚持中立	不主观判断他人	能站在中立立场看待对方
794	不主动联系不合拍的人	主动约见志趣相投的伙伴	能与合拍的人建立联系
795	打破以往的传统	改变既有的流程	能带来巨大的变化
796	对他人过去的苦难经历表达过度的同情	试图深入了解对方的过去	尊重对方的过往人生
797	容易被他人的需求左右	适应人或组织	能适应环境
798	缺乏变化就容易厌倦	用更高效的方法执行	能灵活调整方法以高效推进事情
799	感觉挑战门槛过低就不行动	突破高难度障碍	能持续获得更高成果
800	学到一定程度后感到厌倦	学习未知的事情	能珍视发自内心的纯粹情感
801	在没有判断标准时持续烦恼	明确判断标准并做出决策	能仔细思考后再做决定
802	无法深度学习知识	只追求新信息	能掌握前沿知识
803	让注重思考的人感到困惑	向他人传达行动的重要性	能促使他人快速采取行动
804	脱离现实	将人生视为一场游戏	能洞察并理解事物的本质
805	不在大群体中发言	在小范围内表达真实想法	能向信任的人敞开心扉
806	没有操作手册就无法行动	按照操作手册推进事务	能遵守规则,确保事务推进

（续）

	缺点	天赋	优点
807	不守规则	能根据任何情况灵活应对	能灵活处理事务
808	耗费大量时间验证	检验过去的文化	能提升文化水平
809	只以赢为目的	为获得胜利而努力	会比他人更优秀
810	强迫他人参与	设计能让人保持好奇心的机制	能为他人创造成长的机会
811	过于追求可见成果	可视化自己的努力并进行评价	能定量和定性地分析结果
812	打乱他人节奏	行动时注重速度	能加快事务进展
813	不会对周围的人变通	基于自己的核心价值观行动	能注重自我关怀
814	任性而为	允许心情影响行为	能珍视自己的感受
815	过分亲近	在新环境中也能和他人融洽相处	能保持新鲜感并与周围的人融洽相处
816	只制定无关痛痒的规则	吸收周围人意见后制定规则	能制定让人信服的规则
817	会割舍掉阻碍目标达成的人际关系	专注于目标达成	能节约时间，快速实现目标
818	不能立即用语言表达	寻找对双方都合适的表达	能斟酌语言
819	过度专注于胜利而忽视目标	以成为第一为目标而努力	能全力以赴，赢得第一
820	言辞尖刻	专注于他人的缺点	能发现他人的成长空间
821	无法接受停滞的情况	迅速决定下一步	始终能保持前进

（续）

	缺点	天赋	优点
822	信息过载，导致混乱	同时考虑多个事情	能在大脑内处理大量信息
823	自身不满意就无法输出成果	输出高质量成果	能提供超出预期的结果
824	满嘴狡辩	从不同角度提出意见	为防止误解，展开对等讨论
825	后知后觉，有受害者心态	行动不考虑个人得失	能无条件地奉献
826	忽视事情的重要性	保持冷静态度	能稳住局势
827	打破平静	投入新环境	能快速适应新环境
828	不断增加团队成员的任务量	同时提出多个建议并领导团队	能使项目成功
829	决策迟缓	深思熟虑	能采取有高度确定性的行动
830	缺乏充分的反思	不纠结于过去，放眼未来	能勾画未来并付诸行动
831	被周围人认为冷漠	遇事按规则处理	能基于规则保持中立
832	文风夸张	写文章会带入情感	能用文字打动人心
833	追求完美，导致太晚分享	完成后再分享	能提供高质量成果
834	半途而废	依兴趣行动	能快速判断并付诸行动
835	因时间充足而陷入无谓的思考	确保有足够时间用于思考	能内省并整理思路
836	只关注动机	理解如何提升他人动机	能激发他人的积极性，使之前进

(续)

	缺点	天赋	优点
837	牺牲私人生活	超出预期完成任务	会量产高质量成果
838	单方面地推测他人思维或行为模式	从过往经验中发现规律	能注意到并揭示他人成功或失败的模式
839	被认为古怪、神神道道的	感知与不可见的世界的联系	能从宏观的视角来洞察事物本质
840	在混乱环境中无法集中精神	整理凌乱的环境	能维持有序状态
841	被误解为"自己也在被催促"	快速响应	能高效处理,不拖延
842	对他人期望过高	传递个体在组织中的重要性	能支持他人树立角色意识
843	让人感到被催促	提醒他人日程	能顺畅地推进事务
844	强行寻找意见的共识	从多渠道收集信息,提高准确性	能综合不同意见,得出正确结论
845	一味地积累资料	写下学习所得	能可视化地整理自己的思路
846	批评没有明确方向的人	引导人走往正确的方向	能发表符合常识的言论
847	多疑	从多个证据中得出结论	能推导出有依据的答案
848	无法专注于对话	将话题从偏离状态拉回	能矫正偏离正题的人
849	陷入混乱	保留可能有用的物品	能珍惜有形事物
850	对不感兴趣的事情无动于衷	对感兴趣的事情进行深入研究	能深入探究问题
851	以他人为基准,导致无法了解自己的想法	把他人的喜悦当作自己的喜悦	能与他人分享喜悦

(续)

	缺点	天赋	优点
852	缺乏原创性	提出折中方案	能确定讨论的结论
853	注意力放在他人身上而忽视自身成长	察觉他人的变化	能敏锐地感知他人的变化
854	容易过早放弃	不对他人抱有过多期待	能在与他人相处时不过度期待
855	过度重视成功	花时间制定最快获得成功的流程	能投入时间，制定令人满意的战略
856	只讨论假设	考虑即将流行的事物	能提出引领潮流的创意
857	只能按照既定方式行动	梳理目标	能采取直达目标的核心行动
858	自行猜测并妄下结论	推测他人的想法	能察觉到对方的情感和想法
859	过于注重获得成功的最短路径，导致迟迟无法决策	找出能够确保产出成果的方法	能高效地达到目标
860	提供对他人无用的信息	从多种信息中筛选有用的内容	能从信息中提取有用的知识
861	过于频繁地参加邀请，导致疲惫	轻松应对他人的邀请	能积极参与各种场合并拓展人脉
862	拖到最后一刻才开始行动	弥补延迟	能调整事情的进度
863	迷失真实的自我	根据对方调整自己的形象	能采取适合对方的沟通方式
864	不顾周围人的节奏，坚持以自己的方式行动	以自己的节奏高效行动	能在保持秩序的同时提升生产力

（续）

	缺点	天赋	优点
865	同时处理多个任务而效率下降	积极尝试各种事务	能提升经验值
866	无法提出从0到1的创意	了解事情的来龙去脉	理解来龙去脉后付诸行动
867	承担过多工作	精力充沛地工作	能完成大量的任务
868	强迫他人表达感谢	为获得感谢而努力	能无私地为他人做出贡献
869	将执行本身当作目的	快速将想法付诸行动	能加速目标的实现
870	只专注于自己感兴趣的事情	专注地处理事务	能取得超越标准的成果
871	不考虑可能带来的风险	主动帮助陌生人	能对每个人都采取尊重的态度
872	固执地认为自己的战略是正确的	从多种手段中选择最佳方案	能聚焦于最优方法并采取行动
873	很难被对方察觉到自己的行为	采取贴近对方感受的行动	能拉近与对方的心理距离
874	只以成功为标准进行判断	明确地理解成果并采取行动	制定清晰的目标
875	固守与他人的不同	开发最前沿的服务	能创造新的价值
876	缺乏大胆的行动	即使结果不错，也不过分欣喜，保持谦虚	能控制情绪波动，保持冷静
877	不采取能够带来进步的行动	思考轻松的方法	能找到高效的方法
878	与无法尊重的人保持距离	尊重身边的人并建立更好的关系	能与值得尊敬的朋友建立信任关系

（续）

	缺点	天赋	优点
879	停留于单纯的幻想	体谅对方	能深刻地理解对方
880	不重视自己	优先考虑他人的感受	能照顾对方的情绪
881	对于难以完成的任务，一开始就选择放弃	制定任务执行的策略	能确保完成所承担的任务
882	被过度分配任务	完成他人交代的工作	能负责任地完成交付
883	参与过多活动，导致金钱浪费	积极参加大型聚会	能从交流中获取大量信息
884	无法顾及每个人的状态	在大型场合营造良好的氛围	能改善整体的氛围
885	固守既定方法，不易改变	重复执行相同的任务	能保持一贯性
886	承担过多责任，导致崩溃	承担结果	不推卸责任，勇于承担
887	面对无法取胜的对手，一开始就选择放弃	看清对手实力后再决战	能激发对手更好地表现
888	只选择轻松的任务	不纠结细节，乐观行动	能注重当下的氛围，并向前推进
889	忽视不确定性，只想着尽快完成任务	尽快完成任务	能以最快速度实现目标
890	没有明确目标，就没有想法	研究达成目标的路径	能产出有针对性的想法来实现目标
891	回避不愉快或棘手的问题	关注一天中的积极事件	能在几天内恢复精力

1000 个天赋选项

(续)

	缺点	天赋	优点
892	创意不被周围人接受	提出具有幽默感的创意	能提出有独创性的建议
893	个人效率下降	与多人组建团队	能构建协作体系
894	输出停留在自我满足的阶段	每天必定完成某项输出	能确保每次都带来实际改变
895	公布不切实际的目标,使自己痛苦	言出必行	能公布梦想并脚踏实地地行动
896	忙于当前事务,无法回顾过去	尽可能多地完成任务	能连续完成任务
897	因理想与现实的差距失去信心	以理念指导行动	追求崇高的理想
898	把时间浪费在与业绩无关的事情上	结合自身失败的经验指导他人	能缓解他人的不安并帮助他人前进
899	说出不必要的话	坦率地表达意见并讨论	能进行坦诚、无偏见的讨论
900	因为不符合常识而被歧视	对走非传统道路的人保持宽容	能接纳少数群体
901	对未来很悲观	预见未来潜藏危机并进行思考	能预见危机,规划未来
902	挑剔他人	找出他人的性格问题	能引导对方,使其性格变得更好
903	无法思考具体的方法论	基于本质进行思考	能不迷失目标地思考
904	忽视一致性	察觉每个人的个性差异	重视多样性
905	忽视他人感受	毫不拘束地表达自己的意见	能自由地阐述想法
906	不寻求共鸣	即使被反驳,也坚持自己的观点	持有明确的信念

(续)

	缺点	天赋	优点
907	不会灵活应对	使事情标准化	能保持稳定的立场
908	表达方式令人尴尬	选择优美的表达语言	能用言语打动他人
909	缺乏从容的态度	专注于细节,不妥协	致力于完美执行任务
910	难以短时间内找到更好的解决方案	发现问题所在	致力于解决问题
911	缺乏可靠性	传达美好的未来	在不确定的情况下也能给大家带来安全感
912	没有找到动力便无法行动	找到提升表现的方法	能持续改进并高效工作
913	持居高临下的态度	告诉对方其成长的部分	能毫无保留地传达对方的变化
914	情绪波动大,让周围人感受到压力	自由表达喜怒哀乐	能清晰地向他人传递情绪变化
915	即使对方犯错误,也不否定	理解对方的真实想法	能使对方放松并展现真实的一面
916	缺乏客观性,可能导致判断错误	自主决定	能做出无悔的选择
917	剥夺他人的发言机会	主导场面,进行讲话	能活跃气氛
918	强行解释关联性	发现事物之间的关联	能找出事物的规律
919	扭曲事实	将事实演绎成故事	能引起对方的兴趣
920	过于重视期限而忽略目标	确保按时完成	能不找借口,认真执行

(续)

	缺点	天赋	优点
921	无法应对意外情况	接受不确定性	能冷静应对不确定的情况
922	思维分散,无法确定方向	思考问题解决方法	能想出多种解决方案
923	避开无胜算的竞争	每次都力争获胜	能以战略性方式取得胜利
924	让他人感觉自己不被重视	和谁都相处得来	能和他人保持合适的距离
925	只考虑手段却不执行	找出实现未来的具体手段	能反向推导实现未来的行动
926	只关注弱点	明确做不到的部分	能顺利推进事情发展,以防停滞
927	无法将任务交给他人	坚持完成分配到的任务	能执行任务,决不放弃
928	日常生活单调	简化日常事务,专注于重要工作	能创建聚焦于自己想做的事情的环境
929	想用理论解决一切	冷静陈述事实	能不受情绪影响,平实地表达意见
930	看法有偏颇	选择适合自己的人	能用自己的判断看清他人
931	缺乏共情能力	不受他人情绪干扰	能对他人情绪保持冷静
932	如果不被关注,动力会下降	在重要场合展示自己的强项来吸引他人	能在聚光灯下出色地表现
933	令人感到害怕	坦率地讨论	能坦诚表达并引出真相
934	压制他人意见	坚持自己的观点	能用坚定而不冒犯的方式表达自己的观点

(续)

	缺点	天赋	优点
935	浪费时间更改计划	制定高效的时间表	能高效利用时间
936	容易被利用	真诚待人，绝不背叛	能以诚信行为获得信任
937	只考虑规避风险	识别潜在风险，检查情报	能稳妥地推进事情
938	忽视工作	在职读书	拥有终身学习的态度
939	束缚他人	指出对方行为上的不足	能引导对方朝更好的方向发展
940	过于迎合他人情绪	赞同对方的观点	能创造适合讨论的环境
941	计划不明确时无法行动	按时完成任务	能按计划执行
942	迷信"吉日"，导致拖延	关注日程安排	日程安排得很顺畅
943	无法保持一致性	理解多元的价值观	能接纳任何价值观
944	对周围缺乏关注，显得冷漠	在对话时考虑别的事情	能快速切换思维
945	执着于胜负	勇敢面对挑战	能提升自己的表现
946	对自己要求过高	发现自身缺点并修正	能坦然接受缺点并改善
947	不在意结果	仔细学习每件事	能享受学习的过程
948	即使想法改变，也强迫自己完成	坚持完成已经开始的事情	能不让事情半途而废
949	只和信任的人打交道	只和对自己重要的人来往	选择对自己有益的人交往

1000个天赋选项

(续)

	缺点	天赋	优点
950	有时会变得冷酷	为达成目标尝试各种方法	会探索一切可能性并付诸行动
951	缺乏说服力	告诉对方他们尚未察觉的小变化	能比对方更早察觉到成长
952	拥有过多的资料	储存可能以后用得上的资料	拥有丰富的信息
953	被认为过度热心	主动关心心情低落的人	能安抚对方的心灵
954	不考虑后果	安排许多计划	能让日常生活更加充实
955	没有与他人相处的时间	把独处时间用来思考	能享受一个人的时光
956	对伙伴过于宽容	在职场中有强烈的团队意识	不止步于同事关系，能进一步深化人际关系
957	临时应付	即使没准备内容，被点名后也能即兴发言	能现场应对
958	不考虑细节就发言	做出总结	能简洁明了地表达
959	对他人施加压力	鼓励他人	能带动周围的人采取行动
960	成果质量下降	促使团队成员齐心协力完成任务	能让团队拥有凝聚力
961	执着于定好的优先顺序，不知变通	确定优先事项	能明确主题，高效完成
962	忽视当前状况	预测未来可能出现的多种模式	能提前采取应对措施

（续）

	缺点	天赋	优点
963	为对方付出而超出自身的体力极限	为了获得感谢，尽最大努力提供支持	能获得极大的信任
964	剥夺对方的思考能力	不责备失败，并提供下一步行动的方法	能以失败为契机引导对方成长
965	执着于吸引他人的关注	满足对方的要求	能做出超出对方期待的行动
966	为探索历史花费大量时间	探究流传的故事的本质	能继承传统
967	无法深入个体关系	对大家一视同仁	能公平地考虑事情
968	一味地辩解	说明决策背后的依据	能解释事情的背景和原因，让人安心
969	被老朋友嫉妒	积极认识新朋友	能通过新认识的朋友获得新鲜感
970	以自己的想法为基准，缺乏客观性	以自己的方式反思过去的行为是否恰当	能验证事情的合理性
971	未确认整体情况就轻率地接下任务	愉快地接受任务	能完成多个任务
972	如果没有新发现，就会自责	每天至少学习一个新东西	能带着进取心行动
973	强行加入自己的理论	回答他人问题时加入自己的观点	能帮助对方拓宽视野
974	无法坦然接受他人的善意	谦虚地对待他人的好意	能不盲从他人话语，精益求精
975	固执于自己的想法	坚持自己的原则	能拥有坚定的价值观

1000 个天赋选项

（续）

	缺点	天赋	优点
976	即使不合理，也选择忍耐	满足对方的要求	能响应对方的期待
977	过于突然，让人吃惊	感谢对方日常的努力	能抚慰对方的心灵
978	不再被其他人邀请	与友人共度亲密时光	能珍视并关爱对方
979	过度压抑，在某天情绪突然爆发	忍耐	能坚韧地克服困难
980	把收集信息本身当成目的	收集各种具体案例以应对未来	能灵活借鉴各种案例以规避风险
981	缺乏与他人的心理界限	理解对方的想法	能理解对方的世界观
982	说出不必要说出的内容	吐露自己的负面情绪	能释放自己的压力
983	在认为无法提升自己的强项时放弃挑战	享受提升强项的过程	会去探索提升强项的方法
984	剥夺对方的独立性	替对方完成任务	能减轻对方的负担
985	过高地评价对方	对他人有期待并委派任务	能信任他人的潜力
986	花费过多时间讨论	认可决策后付诸行动	能果断地采取行动
987	只思考不行动	将想法结构化	能以体系化的方式传递信息
988	总是找借口	解释自己行为的理由，以免被误解	能准确地分享行为原则
989	反省不足	即使被责备，也会很快忘记	保持豁达的态度

（续）

	缺点	天赋	优点
990	过于投入学习而忘记其他约定	全心投入学习	能保持专注，学到丰富的知识
991	不考虑后果，盲目行动	带头行动	能以身作则，成为榜样
992	过于注重数据而忽视重点	制定每日进展的测量机制	能在测量成果的同时掌握进展
993	忍耐过度，情绪突然爆发	调和对立的人际关系	能引导人际关系走向和谐
994	不够具体	归纳复杂内容	能将事情简化
995	只按自己的标准挑选人	在团队中迅速找到志趣相投的人	能从全局视角判断人际关系
996	强迫他人克服弱点	帮助他人克服弱点	能坚持培养他人
997	执着于自己的坚持，不退让	提供高质量成果	能追求卓越并不断完善
998	推迟原定计划	接受突如其来的邀请或请求	能灵活应对事务
999	需要很长时间才能和对方熟络	将陌生人引入团队并建立起伙伴关系	能提供结识新朋友的机会
1000	说话节奏慢	慎重发言	能珍视言语之间的韵味

附录 3　发现、发挥、培养天赋的 300 个问题

发现天赋的 100 个问题

▼ 直接发现天赋的 25 个问题

1	做什么事情会让你兴奋？
2	做什么事情会让你感到安心？
3	哪些事情可以让你耐心等待？
4	你觉得哪些事情最能体现你的个性？
5	你的性格是外向型还是内向型？你的行为模式是怎样的？
6	你最喜欢自己的哪一点？
7	他人说过什么让你感到开心的话？
8	你从小就擅长的事情是什么？
9	你常常想对他人说，你应该多做一点的事情是什么？
10	什么事情能激发你的动力？
11	你绝对不想成为哪种人？
12	小时候，什么事情让你特别兴奋？
13	你忍不住去插手的事情是什么？
14	让你有充实感的工作或活动是什么？
15	你会认真投入去完成的事情是什么？
16	有哪些事情令你感到骄傲？
17	你觉得自己"从来没有改变"的事情是什么？
18	你有哪些口头禅？
19	你出于自我满足而去做的事情是什么？
20	面对不熟悉的人，你会不自觉做些什么？
21	面对亲近的人，你会不自觉做些什么？
22	和一群伙伴在一起时，你会不自觉做些什么？
23	在会议讨论等活动中，你会不自觉做些什么？
24	学生时代，你能轻松坚持下来的行为是什么？
25	你擅长的学科是什么？为什么擅长？

▼ 从缺点中发现天赋的 25 个问题

1	自己承认、他人也认可的缺点是什么？
2	在什么情况下会让你失去动力？
3	让你感到疲惫不堪的工作是什么？
4	你对自己感到后悔的行为是什么？
5	什么样的情况会让你感到烦躁？
6	在什么场景下你会感到大脑一片空白？
7	哪些事情本不用执着，但你坚持不放？
8	你做什么容易失败？
9	在工作中，什么内容会让你感受到压力？
10	在工作中，哪些任务会让你觉得时间过得很慢？
11	当工作进展缓慢时，你通常会怎么做？
12	当工作没有成果时，你通常会怎么做？
13	在工作中最让你反感的事情是什么？
14	和同事相处，你更容易展现出哪些缺点？
15	在团队或组织中，你更容易展现出哪些缺点？
16	你工作中最大的失败是什么？
17	在私人生活中，哪些任务让你感觉压力很大？
18	在私人生活中，哪些任务让你觉得时间过得很慢？
19	当私人事务进展缓慢时，你通常会怎么做？
20	当私人事务没有成果时，你通常会怎么做？
21	在私人生活中，周围人对你最反感的事情是什么？
22	在私人生活中，你最大的失败是什么？
23	面对家人或伴侣，你更容易展现出哪些缺点？
24	面对朋友或伙伴，你更容易展现出哪些缺点？
25	在金钱管理方面，你的缺点是什么？

▼ 从优点中发现天赋的 25 个问题

1	过去，你对他人做出最大的贡献是什么？
2	哪些事情是你没怎么努力却被夸奖的？
3	哪些方面让他人对你感到惊讶？
4	在日常生活中，你因哪些事情被他人感谢？
5	你容易被人请求帮忙的事情是什么？
6	在什么情况下你能够冷静地采取行动？
7	为了达成目标，你会采取哪些有意识的行动？
8	面对挑战时，你会采取哪些有意识的行动？
9	在工作中，哪些任务让你感觉没有压力？
10	在工作中，哪些任务让你觉得时间过得很快？
11	在工作进展很快时，你通常会怎么做？
12	在工作中取得成果时，你通常会怎么做？
13	你在工作中获得最多称赞的事情是什么？
14	在同事间，你更容易展现出哪些优点？
15	在团队或组织中，你更容易展现出哪些优点？
16	你工作中最大的成功是什么？
17	在私人生活中，哪些任务不会让你感受到压力？
18	在私人生活中，哪些任务让你觉得时间过得很快？
19	在私人事物取得快速进展时，你通常会怎么做？
20	在私人事物取得成果时，你通常会怎么做？
21	在私人生活中，你因哪件事情获得了最多的称赞？
22	在私人生活中，你最大的成功是什么？
23	面对家人或伴侣，你更容易展现出哪些优点？
24	面对朋友或伙伴，你更容易展现出哪些优点？
25	在金钱管理方面，你的优点是什么？

▼ 向他人询问天赋的 25 个问题

1	如果用一句话来形容我的强项,会是什么?
2	我在什么情况下看起来活力四射?
3	我在什么情况下显得非常放松?
4	我做哪些事情时是没有压力的?
5	我做哪些事情时,让你觉得"这很像我"?
6	你喜欢我的哪些方面?
7	我的哪些行为让你感到惊讶?
8	和我性格相似的人是谁?
9	和我行为模式相似的人是谁?
10	我常说哪些话?
11	我有哪些常见的小动作?
12	我第一次见你时,和现在有什么不同?
13	(在电视剧或漫画中)性格和我相似的角色是谁?
14	如果用动物比喻我的性格,会是哪种动物?
15	如果用颜色代表我的性格,会是哪种颜色?
16	如果用家具或文具形容我的特点,会是什么?
17	如果用虚构的生物来形容我的特点,会是什么?
18	如果用形容词(如干脆利落、暖洋洋)来形容我,会是什么?
19	我在哪些时候,会让你觉得"这不像我"?
20	什么事情会让我失去动力?
21	什么事情容易让我感到烦躁?
22	我可能对哪些事情特别执着?
23	在工作上我需要改进的地方是什么?
24	在人际关系上我需要改进的地方是什么?
25	人生总体我需要改进的地方是什么?

发挥天赋的 100 个问题

发挥优点:

▼ 实践创意思考法的 20 个问题

1	失败的行为模式是什么？从中可以看出哪些缺点？
2	成功的行为模式是什么？从中可以看出哪些优点？
3	学习时更倾向于"广泛涉猎"还是"深入钻研"？你的学习风格有什么缺点？
4	学习进展顺利时，你运用了哪些优点？
5	丧失学习动力时，应该采取哪些方法改善？
6	在什么样的状态下会失去动力？
7	充满动力时，你运用了哪些优点？
8	缺乏动力时，应该采取哪些方法改善？
9	工作中更应该注重质量还是数量？你的工作风格有什么缺点？
10	在工作中取得显著成果时，你运用了哪些优点？
11	工作没有成果时，应该采取哪些方法改善？
12	工作中是否注重速度？你的工作风格有什么缺点？
13	工作进展迅速，你运用了哪些优点？
14	工作进展缓慢时，应该采取哪些方法改善？
15	情绪低落时的行为模式是什么？
16	能积极投入时，你运用了哪些优点？
17	情绪低落时，采取哪些方法会更顺利？
18	当事情进展不顺利时，你倾向于思考哪些问题？
19	思考哪个时间维度（过去、现在、未来）会让你压力最小？
20	当事情进展不顺利时，应该采取哪些方法改善？

发挥优点：

▼ 实践环境迁移法的 20 个问题

1	在什么样的环境下，工作能够进展顺利？
2	在什么样的环境下，兴趣爱好能让你感到充实？
3	最让你感到充实的体验是在哪种环境下发生的？
4	最让你感到成功的体验是在哪种环境下发生的？
5	和什么样的人在一起时，你能感到放松？
6	在什么样的地方你能感到放松？
7	在什么样的环境下你能够集中精力投入工作？
8	在什么样的环境下你会产生动力？
9	在什么样的环境下你的灵感最容易闪现？
10	在什么样的环境下你能让他人感到开心？
11	最近让你感到充实的时刻是在哪种环境下发生的？
12	合作顺利进展时，你处于什么样的环境？
13	在社团或俱乐部中，努力有了成果时是什么样的环境？
14	在学习中，努力有了成果时是什么样的环境？
15	在什么样的环境下你的心情和身体状况都很好？
16	在什么样的环境下你的心情和身体状况会变差？
17	今后，你希望他人如何评价你？为了获得这些评价，应在哪种环境下发挥你的优点？
18	在什么样的环境下你会主动使用你的天赋？
19	最能发挥优点的环境是什么样的？
20	你能为他人做出最大贡献的优点是什么？

发挥天赋的 100 个问题

弥补缺点：

▼ 实践舍弃法的 20 个问题

1	让你感到不满的任务或活动是什么？
2	你对任务或活动不满的原因是什么？
3	从感到不满的任务或活动中，可以看出自己的哪些缺点？
4	为什么你非得继续这些感到不满的任务或活动？
5	有什么方法可以停止这些让你不满的任务或活动？
6	采取哪些措施可以减轻不满？
7	谁能提供更令你满意的任务或活动的点子？
8	有哪些事物可以提供更令你满意的任务或活动的点子？
9	停止令你感到不满的行为，会给你和他人带来哪些好处？
10	继续令你感到不满的行为，会给你和他人带来哪些坏处？
11	哪些任务或活动无法带来工作成果？
12	为什么这些任务或活动无法带来工作成果？
13	从无法带来工作成果的任务或活动中可以看出自己的哪些缺点？
14	为什么你非得继续做这些无法带来工作成果的任务或活动？
15	有什么方法可以停止这些无效的行为？
16	采取哪些措施可以减少任务或活动中的时间浪费？
17	谁能为你提供将任务或活动转化为成果的点子？
18	有哪些事物可以提供让任务或活动转化为成果的点子？
19	停止无效的行为会给你和他人带来哪些好处？
20	继续无效的行为会给你和他人带来哪些坏处？

发挥天赋的 100 个问题

弥补缺点：

▼ 实践机制法的 20 个问题

1	具有类似缺点的人是通过什么方法来应对的？
2	是否存在可以弥补你缺点的"便利工具"？
3	能否将弥补缺点的行为变成习惯？
4	是否可以打造一个不会暴露缺点的环境？
5	对于你不想花时间做的事，是否可以付费找人代劳？
6	是否可以引入弥补缺点的"机器"？
7	你是否尝试搜索过"不做 ×× 的方法"？
8	你是否尝试搜索过"消除 ×× 的方法"？
9	你是否尝试搜索过"不想做 ××"？
10	你是否尝试搜索过"代办 ××"？
11	有哪些方法可以解决时间管理的问题？
12	同样有时间管理问题的其他人采取了哪些机制？
13	有哪些方法可以解决整理收纳的问题？
14	同样有整理收纳问题的其他人采取了哪些机制？
15	有哪些方法可以解决思维整理的问题？
16	同样有思维整理问题的其他人采取了哪些机制？
17	有哪些方法可以解决目标达成的问题？
18	同样有目标达成问题的其他人采取了哪些机制？
19	有哪些方法可以解决金钱管理的问题？
20	同样有金钱管理问题的其他人采取了哪些机制？

发挥天赋的 100 个问题

弥补缺点：

▼ 实践借力法的 20 个问题

1	在什么情况下你会想向他人借力？
2	如果有人能开心地接受任务，你会委托他们做什么？
3	什么样的人让你觉得容易开口请求帮助？
4	想象 3 位你可以借力的人，他们各自的天赋是什么？
5	谁可能会开心地帮你完成你不擅长的任务？
6	谁可能会高效地帮你完成你不擅长的任务？
7	最适合帮你完成你不擅长的任务的人是谁？
8	谁能为你提供你想不到的点子？
9	过去有哪些组织或团队帮助过你？
10	如果将部分任务委托给他人，你每周大概能节省多少时间？
11	过去有哪些事情你虽然解决了，但效率极低？
12	过去有哪些事情你试图独自完成，却失败了？
13	在你不擅长的事情上，过去是谁以什么方式帮助了你？
14	委托他人可以为你带来哪些好处？
15	不将任务委托他人可能会带来哪些坏处？
16	如果要委托他人完成你不擅长的任务，你会分给他多少任务？
17	谁擅长请求他人帮忙？他们是如何提出请求的？
18	在什么时机提出请求更可能被接受？
19	用什么样的方式请求会更容易成功？
20	以什么样的态度与人沟通可以让对方更顺利地接受请求？

培养天赋的 100 个问题

▼ 找到强项的榜样人物的 30 个问题

1	你嫉妒什么样的人？原因是什么？你们共同的天赋是什么？
2	哪些名人与你的性格相似？你们共同的天赋是什么？
3	哪位熟人与你的性格相似？你们共同的天赋是什么？
4	哪个动漫人物或虚构角色与你的性格相似？你们共同的天赋是什么？
5	你尊敬的名人（或历史人物）是谁？你们共同的天赋是什么？
6	你尊敬的熟人是谁？你们共同的天赋是什么？
7	你身边有哪位你想学习其天赋的人？你想学习他的哪些天赋？
8	哪个人拥有你模仿不来但想要学习的天赋？你想学习他的哪些天赋？
9	你身边谁是你借力最多的人？你们共同的天赋是什么？
10	和谁在一起时你感觉最舒服？你们共同的天赋是什么？
11	谁能和你在同一主题上聊得热火朝天？你们共同的天赋是什么？
12	你最容易与谁共鸣？你们共同的天赋是什么？
13	和谁在一起让你感到安心？你们共同的天赋是什么？
14	和谁在一起让你感到开心？你们共同的天赋是什么？
15	和谁在一起你会受到启发？你们共同的天赋是什么？
16	在社交媒体上谁能给你带来鼓励？你们共同的天赋是什么？
17	谁让你觉得幸好遇见？你们共同的天赋是什么？
18	你通常属于什么样的群体？你和他们之间共同的天赋是什么？
19	谁是你长时间相处过的人？你们共同的天赋是什么？
20	你与谁感觉合拍？你们共同的天赋是什么？

21	谁是你可以互相学习的人？你们共同的天赋是什么？
22	你过去的交往对象通常是什么样的人？你们共同的天赋是什么？
23	你在家庭或亲戚中和最像谁？你们共同的天赋是什么？
24	你最想和谁一起工作？你们共同的天赋是什么？
25	如果与人合租，你会和谁一起住？你们共同的天赋是什么？
26	你与谁可以互相弥补短板？你们共同的天赋是什么？
27	哪一部作品（书籍、电视剧、电影）对你影响最大？你与创作者的共同点是什么？
28	谁曾为你的人生带来转折？你们共同的天赋是什么？
29	你的父亲和母亲分别有哪些天赋？
30	至今影响你最深的 3 个人是谁？你与他们共同的天赋是什么？

▼ 向他人寻求建议的 30 个问题

1	你认为接下来我应该尝试哪些行动？
2	在什么情况下，你觉得"有我在身边真好"？
3	我在组织或团队中扮演着什么角色？
4	今后，我在组织或团队中应该扮演什么角色？
5	我给你的建议中，哪条对你最有帮助？
6	哪些事情是你无法做到但我能够完成的？
7	你觉得我适合从事什么职业？
8	如果你有事情拜托我，想让我帮你做什么？
9	我应该修炼哪些技能？
10	我给他人带来了哪些正面的影响？
11	你认为我将来会有什么样的成就？
12	他人对我最常见的赞美是什么？
13	到目前为止，我帮你解决的最重要的事情是什么？
14	你觉得他人通常会让我帮忙做什么事情？
15	如果有大型活动要举办，你觉得我适合负责什么角色？
16	你觉得我在生活中最重视什么？
17	哪些事情让你对我"能够坚持下去"感到佩服？
18	哪些任务是我很乐意接受的？
19	我的性格是外向型还是内向型？我倾向于采取哪些行为？
20	你觉得我会通过哪些方式解决问题？
21	最能体现我的个人风格的回忆是什么？
22	你认为我可能会遇到哪些机会？为了抓住这些机会，我需要做些什么？
23	我通常热衷于讨论什么事情？你认为应该如何运用这些热情？
24	我目前从事的活动（工作或社区）中，在哪些方面最能发挥我的强项？

25	你觉得我在学生时代最擅长的科目是什么?
26	我的强项可以帮助到有哪些困扰的人?
27	在什么样的环境下,我最能积极展现自己的强项?
28	我能为他人贡献的最强的强项是什么?
29	你认为我对哪些领域比较了解?这些领域的知识可以如何运用?
30	我有哪些潜在的强项?

培养天赋的 100 个问题

▼ 探索喜欢的事的 40 个问题

1	你的兴趣爱好是什么?
2	如果会 100% 成功的话,你想投身于哪个领域?
3	如果只能掌握一项最新知识,你会选择学习什么?
4	如果世界上所有人都愿意听你演讲,你会讲什么主题?
5	如果要出版一本书,你会选择什么主题?
6	你感兴趣并想深入了解的事情是什么?
7	如果世界上的人都支持你,你想从事什么活动?
8	你更容易想到什么样的创意或点子?
9	获得什么知识会让你激动?
10	你有意识地在收集哪些知识?
11	到目前为止,你最专注或沉迷的事情是什么?
12	你再忙也会关注的信息是什么?
13	你曾在哪些事情上花过钱?
14	你喜欢的任务是什么? 可以应用到哪些领域?
15	你擅长的任务是什么? 可以应用到哪些领域?
16	你通常喜欢阅读哪些类型的书籍或杂志?
17	你对哪些问题比较敏感?
18	你经常参加什么样的项目或活动?
19	哪些媒体上的内容(电视、书籍、社交媒体等)能让你百看不厌?
20	你无意识中收集了哪些知识?
21	你希望深入学习的知识是什么?
22	如果都可以学会,你想学会哪些实践技能?
23	你常常无意中在思考什么?
24	什么样的知识你记得特别快?
25	看到哪个领域的人活跃会让你感到兴奋?
26	做什么能让你度过理想的一天?
27	你无意中经常热烈讨论的主题是什么?

28	和家人或朋友进行什么样的对话会让你感到快乐？
29	如果有一个月的假期，你想做什么？
30	如果有完美的人际关系，你最想从事什么工作？
31	如果可以重生，你最想尝试的新事物是什么？
32	从过去到现在，你一直喜欢做的事情是什么？
33	如果能成为世界顶级专家，你想投身于哪个领域？
34	一个人独处时你通常会做什么？
35	和家人或朋友在一起时，你通常会做什么？
36	如果有一个小时完全属于自己的时间，你会做什么？
37	到目前为止，你花费最多时间的事情是什么？
38	学习哪些知识能解决你当前的问题？
39	你觉得最有趣的课外活动或兴趣班是什么？
40	学生时代你热衷参与的活动是什么？

> 附录 4
只要做这些就够了！推荐给你的天赋测试

正文中没有提到天赋测试的相关内容，主要是因为测试会涉及额外的费用和时间，但通过天赋测试，我们同样可以发现自己的天赋。

不知道大家有没有尝试过通过测试发现自己的天赋？如果使用正确，天赋测试是一种非常有效的工具。然而，许多人误用了它，这不仅不能帮助自己发现天赋，反而会限制自己的可能性。另外，很多人可能会困惑："有这么多类型的测试，我到底该选哪一个？"

为了回答这些疑问，我将探讨以下三个方面：

- 天赋测试的错误使用方式与正确使用方式
- 天赋测试的分类
- 测试结果的使用方法

天赋测试的错误使用方式与正确使用方式

许多人过去可能都通过天赋测试、性格测试等方式寻找过自我。我也有类似的经历。当我刚开始想了解自己时，连续尝试了许多测试工具。每次查看结果中的优点、缺点或适合的职业时,都在欢喜和失落之间反复,但最终发现,尽管做了许多测试,还是很快就忘记了结果,继续像往常一样生活。

直到后来我才意识到,仅凭测试结果,很难让人坚定地认为"这就是我的天赋!"测试结果往往看起来很有道理,让人觉得原来自己属于这种类型。但如果无法将这些结果与自己过去的经历联系起来,就无法真正建立起对天赋的自信。因为,正如之前所提到的,对没有具体经历支撑的对天赋的自信是脆弱的,很容易被击垮。

正确的方式是将测试结果视作天赋的一种可能性。测试结果并不是绝对的,而是一个参考工具。你应该将它视为发现天赋的一个依据,而非最终答案,这样才不会重蹈覆辙。

- 要点 -

错误	正确
将测试结果视为最终答案	将测试结果作为发现天赋的依据

天赋测试的分类

"那么,有哪些值得推荐的测试呢?"这是大家接下来最关心的问题吧。在这个世界上,有许多天赋测试和性格测试工具。但事实是,基于科学依据的工具并不多。为了使大家不再困惑,我这里明确告诉你哪些测试值得做。

在具体推荐测试工具之前,有一个重要的前提需要了解,那就是:天赋测试和性格测试大致都分为两种类型。其中,一种值得做,另一种则没有必要。这两种类型如下:

1. 基于类型论的测试
2. 基于组合论的测试

你可能会问:哪一种值得做?

结论是:如果想更好地了解自己,建议选择基于组合论的天赋测试。

你可能会疑惑:"为什么类型论不推荐呢?""什么是类型论?""什么又是组合论?"接下来会为大家详细说明。

什么是基于类型论的天赋测试？

首先，所谓类型论，顾名思义，是一种根据类型进行分类的理论。

大家可能熟悉的血型性格测试就是一种典型的基于类型论的测试。比如，将血型分为A、B、AB、O四种类型，并且描述"A型血的人的性格"或"B型血的人的性格"，这就是类型论的典型特点。

每个人可能都尝试过类型论的天赋测试吧？然而，看了测试结果后，很多人会觉得："这一条很准，但那一条不太准。"

例如，就我个人来说，"B型血的人性格自私"这一点我是认可的，但其他特点我总会觉得"并不完全符合"。其实这很正常，毕竟人怎么可能仅靠四种血型来区分呢？

补充一句，血型性格测试并没有科学依据，我在这里只是用它来说明类型论测试的特点。除此之外，基于类型论的测试还包括MBTI（16种类型）、九型人格等。也就是说，类型论适合粗略地对人进行分类，但并不适合深入了解自己。

另一方面，在一些需要多人互相理解的场合，例如需要用"某人是这种类型"来进行说明时，类型论具有便于理解、容易使用的优点。同时，它也可以用于分析团队特性，比如"这个团队整体上有这样的倾向"或者"那个人在团队中更适合担任这样的角色"。综上所述，类型论有其优点和缺点。

什么是基于组合论的天赋测试？

组合论指的是"将人视为多种天赋的组合"（在心理学中称为"特性论"，为了便于理解，本书中称为组合论）。例如，盖洛普优势识别器是一种天赋测试工具，它通过34种天赋特质的组合，帮助我们了解"我是一个怎样的人"。因此，对于想深入了解自己、细致分析自身特质的人来说，基于组合论的天赋测试是最合适的选择。

不过，当需要多人互相理解时，

1	竞争性
2	追求卓越
3	成就导向
4	未来导向
5	领导力
6	自我肯定
7	战略性
8	学习者
9	创意性
10	自信
11	深度思考
12	推动者
13	信念
14	关系建立
15	成就欲望
16	沟通
17	纪律性
18	积极性
19	专注力
20	安排能力
21	命运观
22	分析思维
23	个性化
24	责任感
25	审慎性
26	社交吸引力
27	包容性
28	成长引导
29	原点思考
30	修复能力
31	和谐性
32	公正性
33	共情能力
34	适应性

这种方法可能过于复杂，除非经过深入学习，否则很难掌握其精髓。

综上所述，本书的目的在于帮助大家了解自己，因此我推荐基于组合论的天赋测试。

以下是根据我自己的盖洛普优势识别器结果整理成的表格：

天赋测试汇总表

分类	类型论	组合论
理解方式	根据固定的类型对人进行分类	将人视为多种天赋的组合
典型例子	MBTI、九型人格、血型性格测试、社交风格、DiSC、财富性格类型	盖洛普优势识别器、VIA-IS、大五人格
特点捕捉	容易忽略细节特点	可以细致地捕捉天赋
趋势掌握	容易快速掌握总体趋势	不易快速掌握总体趋势
适用场景	适合多人之间的相互了解	适合深入了解自我

不论你选择的是哪种天赋测试或性格测试工具，其使用方法本质上是相同的。测试的解读部分通常会说明某种天赋或性格如何成为"优点"或"缺点"。与本书的框架一致，使用这些测试结果的步骤可以归纳为三步：

1. **发现**

2. **发挥**
3. **培养**

测试结果的使用方法

以盖洛普优势识别器为例，该工具会从 34 种天赋特质中指出你排名前 5 的天赋。针对这 5 种天赋，可以按以下两步操作：

步骤 1：从解读文档中提取你觉得相符的关键动词
步骤 2：写下过去你展现这项天赋的经历

例如：我测出了"追求卓越"这一天赋。解读文中有一句话让我印象深刻：让某事变得完美会让我感到兴奋。

这刚好就是我当下正在做的——努力将这本书打造成最好的作品。就像这样，一边阅读解读文档，一边不断回忆过去的经历。

像用本书介绍的发现天赋的方法一样，把发现的天赋整理到天赋地图中即可。

就像这样，请好好利用这些测试工具，帮助你发现自己的天赋。我真心期待着，在本书和这些测试工具的帮助下，你的天赋在社会上闪耀。